日本陸軍の船艇

Ships & Boats of the Imperial Japanese Army

上陸用、輸送用、護衛用、攻撃用各船艇から特殊船まで

奥本 剛 著

日本陸軍の船艇
上陸用、輸送用、護衛用、攻撃用
各船艇から特殊船まで

はじめに

「真実は小説より奇なり」

明治建軍以来隆盛を誇った日本陸軍が、大正から昭和にかけて大小さまざまな船艇を整備するようになったのは、元はといえば敵前上陸作戦での火器、兵員輸送や、戦闘直後の敵地占領初期段階における輸送任務に活用するためで、とくに大陸やその河川での運用を目的とするものであった。

それは上海事変での戦訓を受けて、やがてこうした小型舟艇群を一度に

多数、作戦海域まで運び、短時間で一気に発進させるための設備を持つ、「特殊船」と呼ばれる大型船の建造に繋がっていった。

本書の著者である奥本 剛氏は既刊『日本陸軍の航空母艦 舟艇母船から護衛空母まで』（2011年、大日本絵画刊）において、日本陸軍が上陸用舟艇母船や航空母艦に類似した特殊船を建造、保有したことについて、冒頭の言葉こそがまさに当てはまると述べているが、同じく日本陸軍が保有した多種多様な大小船艇の開発、建造もその通り、「小説より奇なる事実」であったといえる。

本書は、前掲書で取り扱った舟艇母船「神州丸」を嚆矢とする陸軍特殊船から大きく枠を広げ、日本陸軍が保有、運用した船艇を一次資料により総ざらいしようと試みるもの。

取り扱う種類も、日本陸軍に似つかわしい上陸作戦用の大小発動艇、これを守る小型の装甲艇や連絡艇はもちろんのこと、これらを運ぶ特殊船のほか、戦局の悪化にともない、南方の島嶼間の短距離物資、兵員輸送を担うべく建造された輸送艇、その護衛用船艇に、潜水輸送用の「〇ゆ（まるゆ）」艇、また末期的状況下で開発が試みられた水際特攻的攻撃兵器といえる肉薄連絡艇など多岐にわたっている。

各船艇ごとに残されている写真や資料の多寡はあるにせよ、本書を読み進めていけば充分理解を深めていただくことができるはずだ。

これまで海軍艦艇に押しやられ、歴史の片隅に忘れ去られていた「日本陸軍の船艇」たち。

その姿を知っていただくきっかけとなれば幸いである。

編集子

日本陸軍の船艇
上陸用、輸送用、護衛用、攻撃用各船艇から特殊船まで

目次

第1章
上陸用船艇

鋼製大型発動艇

▲大発の嚆矢となったA型で、写真は26号艇。A型の主機にはマイバッハ60馬力、またはBMW45馬力エンジンが搭載された。まだランプゲートはなく、波除けを取り外し式とし、歩み板は別装備としている。(防衛省戦史図書館所蔵写真)

明治37年(1904年)から38年に行なわれた日露戦争の結果、上陸用舟艇の必要性を感じた日本陸軍は基礎研究を開始したが、第一次世界大戦において、黒海に通じるボスポラス海峡を確保し、ロシア軍と連絡可能にするためとして大正4年(1915年)2月19日にイギリスなど連合国によりダーダネルス海峡北側のガリポリ半島において行なわれた「ガリポリ上陸作戦」などの情報を得ると、敵前上陸では分散上陸する必要があることを痛感し、これに対応できる上陸用舟艇の本格的研究が開始された。

その結果、大正11年に木造艀船に脱着式の40馬力ガソリンエンジンを付けたものが作られ、四国で行なわれた特別大演習に参加させたが、やはり鋼製の自走式に改められることになり、研究の結果、大正12年には以下のような要件をまとめ上げた。

1，武装歩兵約60名を搭載できる事。
2，馬匹、野砲、軍需品を搭載できる事。
3，重量は6トンを限度とする。
4，櫓の使用ができる事。
5，野砲、山砲を搭載し揚陸できる事。
6，野砲や山砲で射撃できる事。
7，エンジンの排気音は、可能な限り小さくする事。
8，速力は8ノット以上とする事。

以上の要件により大正14年の初め、角型と丸型の2隻の鋼製発動艇が試作された。これが大発「A型」である。この2隻により各種試験が繰り返され、量産に移されることとなる。

船首扉は当初取り外し式だったが、37号艇では船体規模の改正で観音開きとなったものの、いずれも歩み板はなかった。しかし、これではと思案されランプゲート式が設計され、36号艇の船首を改造しテストされた。この頃はまだまだ試行錯誤の連続だったのだ。

昭和2年(1927年)末、同時に開発試験されていた小型発動艇(小発)にスパイラルプロペラを付けたところ速力が増加したため、大発にもこれを採用、37号艇以降の艇に付けられた。昭和4年になると、小発に比べ凌波性が少なく揚陸時の船尾への波浪の影響を考慮すると共に、速力増加を計り船首形状を尖鋭に小発同様の角型にした艇が試作された。これが「B型」であり大発の原型となった。

昭和5年に入ると試作されたB型の各種試験が行なわれた。船首形状の改善により航走状態は良好になったが、重量物の揚陸時は着底しているV型船首では細くて安定性を欠くため、改良案が試案された。

昭和7年初めには、八九式中戦車を搭載できるよう改良されることになる。艇首は揚陸時の安定性と重量物揚陸のために、ミッドシップより前の船首形状をW型とし、船体寸法もB型よりひと回り大きくした大発最終型となる「D型」が開発された。船体形状が良好であったため波高10mの波でも突破可能であった。船尾形状も良好で1.5m～2mの捲き波でも着岸を可能とした。また、船尾には揚錨機が配置され、揚陸後の離岸に効力を発揮した。

このW型船首の成功により、昭和7年末にはすでに建造されていたB型にも採用しようという動きとなり、まず1隻を改造し試験したところ結果は良好であったため、これを「C型」として量産することとなり、既成のB型もW型船首へ改造された。

大発の機関には、当初25馬力、40馬力、そして60馬力のガソリンエンジンが採用されていたが、火災の危険と故障に悩まされたため、昭和8年にディーゼルエンジンが運輸部の管轄の下、三菱重工業と東京機械製作所により開発、採用された。その後、速力増加のために120馬力のものも研究されたが採用されず量産には至らなかった。

大発は船体と機関が別々に生産された。

船体は三菱神戸造船所、三菱長崎造船所、大阪鉄工所桜島工場(後の日立桜島造船所)、大阪鉄工所因島工場(日立因島造船所)、播磨造船所、三井造船所玉工場で生産され、厚さ3.2㎜の鋼板を全電気溶接で製作された。機関は三菱東京機器製作所、伊藤鉄工所、神戸製鉄所、大阪機工、発動機製造、久保田鉄工所、山岡発動機工作所で生産された。

生産数は昭和15年が200隻、16年が470隻、17年が500隻、18年が1000隻という記録がある。

また、本土決戦が濃厚となった昭和20年4月になると、大発に20㎝噴進砲を搭載する研究が始まり、翌月には試作艇が完成し実験が行なわれ、射撃性能は良好とわかり研究が終了したが、どのぐらいの大発に20㎝噴進砲が装備され、本土決戦に備えたのかは不明である。

◀大発A型37号艇。全面改良された第一船であり、船首が尖り、艇番号が書かれている所が艦首扉である。この船首構造をのぞけば、全体の概要はその後の大発に共通しているように見える。（防衛省戦史図書館所蔵写真）

▼福岡県津屋崎海岸において、ルノーFT戦車を乗せようとして右へ大傾斜した大発A型37号艇。乗員たちはカウンターウエイトになるよう、左舷の船尾に座っている。この後どういう収支をつけたのか気になるところだが、続く写真は伝わっていない。（防衛省戦史図書館所蔵写真）

▶船首を改造し、ランプゲートを取り付けた大発A型36号艇。右奥には37号艇が写っている。このランプゲートが、以降の大発に共通な機構となっていく。船上には民間人とおぼしき人物が乗っているのが興味深い。あるいは造船所の関係者であろうか？（防衛省戦史図書館所蔵写真）

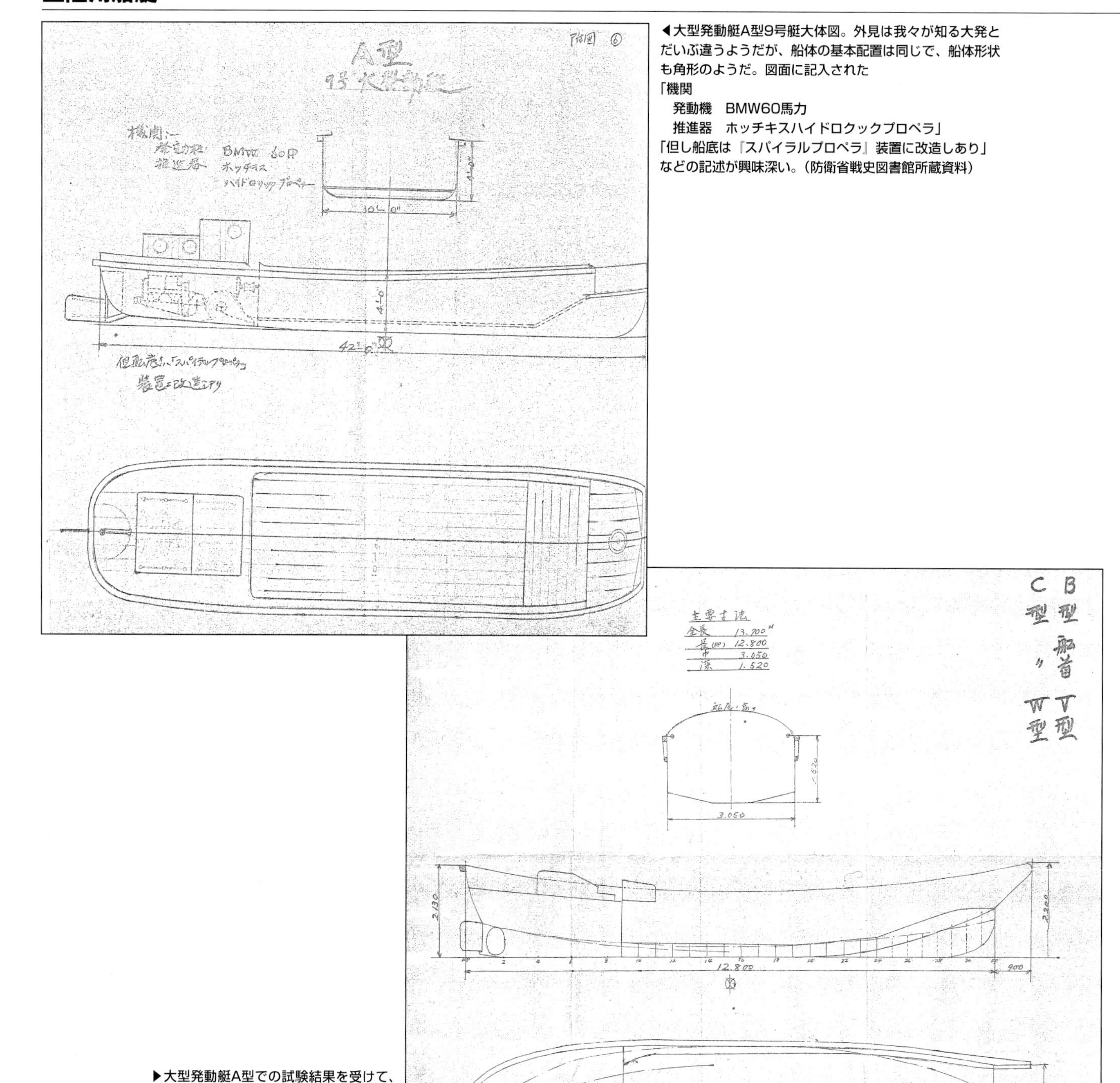

◀大型発動艇A型9号艇大体図。外見は我々が知る大発とだいぶ違うようだが、船体の基本配置は同じで、船体形状も角形のようだ。図面に記入された
「機関
　発動機　BMW60馬力
　推進器　ホッチキスハイドロクックプロペラ」
「但し船底は『スパイラルプロペラ』装置に改造しあり」
などの記述が興味深い。(防衛省戦史図書館所蔵資料)

▶大型発動艇A型での試験結果を受けて、船体配置はそのままに大規模な設計変更がなされたタイプが開発された。これがB型だ。しかし、船首形状がV字型だったため重量物揚陸の際にバランスが悪く、さらに形状をW字型としたC型が誕生した。(防衛省戦史図書館所蔵資料)

大発動艇D型 要目

全長	14.88m
幅	3.35m
深さ	1.52m
自重	9.5t
満載排水量	22.5t
吃水	
軽荷吃水	船首0.25m／船尾0.68m／平均0.465m
満載吃水	船首0.70m／船尾1.10m／平均0.90m
機関	縦型直立水冷式ディーゼルエンジン
燃焼室形式	直接噴射式頭弁式
軸馬力	最大66馬力(1650回転) 標準60馬力(1500回転)
速力範囲	低速毎分500回転、高速毎分1500回転
シリンダー	内径110㎜、ストローク140㎜、筒数6
圧縮率	14
燃料ポンプ	ボッシュ型
ノズル型式	オープンノズル
燃料消費量	210g／馬力／時
潤滑油消費量	0.4リットル／時
起動方式	電動式
電装品	発電機24v、130w 起動電動機24v、4馬力
蓄電池	6v、126AH、4個
重量	690kg
寸法	全長1260㎜、全高520㎜、幅510㎜
回転方向	船尾より見て右
速　力	軽荷8.8ノット 満載7.8ノット
航続距離	15時間
積載量	武装兵70名、馬匹10頭、八九式中戦車1台、貨物13t

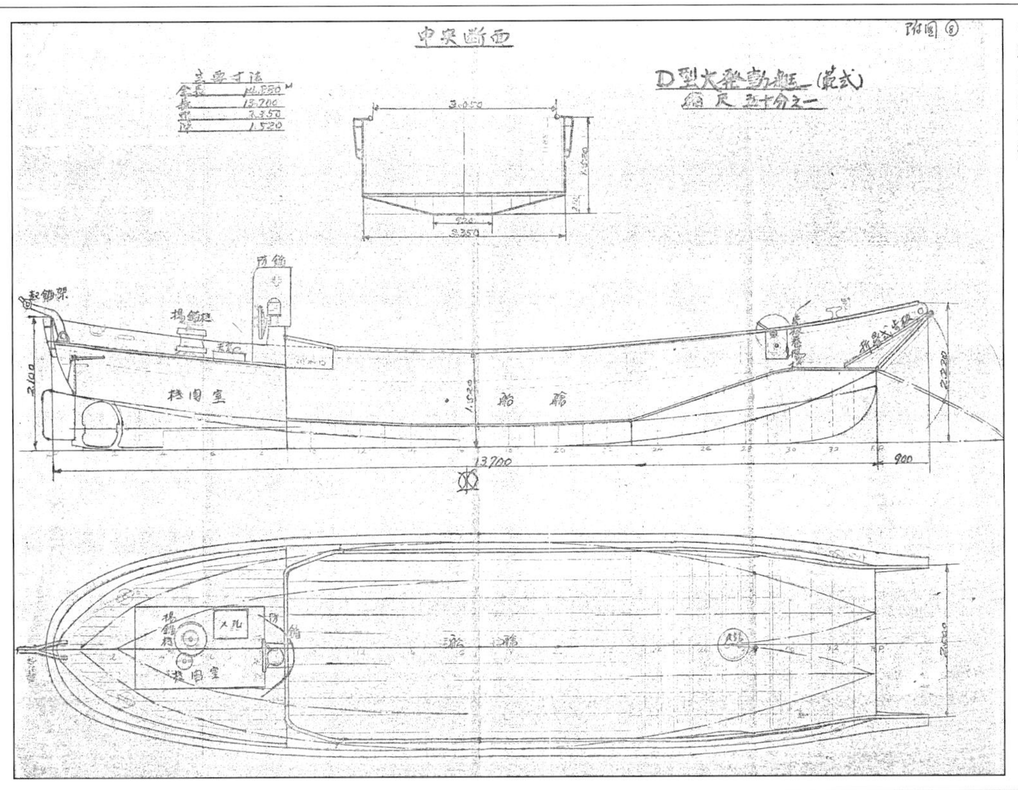

◀大発の集大成ともいうべきD型。八九式中戦車の搭載、揚陸が可能なように船体はC型までに比べてひと回り大きく製作された。D型は数千隻が建造され、戦場で大活躍。とくに南方の島々では物資輸送にも重宝された。（防衛省戦史図書館所蔵写真）

▶大発A型37号艇から採用され、以後大発の標準装備となったスパイラル・スクリュープロペラ。通常のスクリュープロペラと比べ、障害物に強かったようだ。なお、写真に見られるようなスクリューガードが全艇に付いていたのかは不明である。（防衛省戦史図書館所蔵写真）

◀野砲を揚陸する大発B型8号艇。B型までは水面下の船首形状がV型だったため、重量物揚陸の際に船首を水平に固定する力が弱かった。なお、揚陸の際には着岸前に船尾のアンカーを海中に落とし、海岸直前に2名の艇員が飛び降りて船体を固定する。（防衛省戦史図書館所蔵写真）

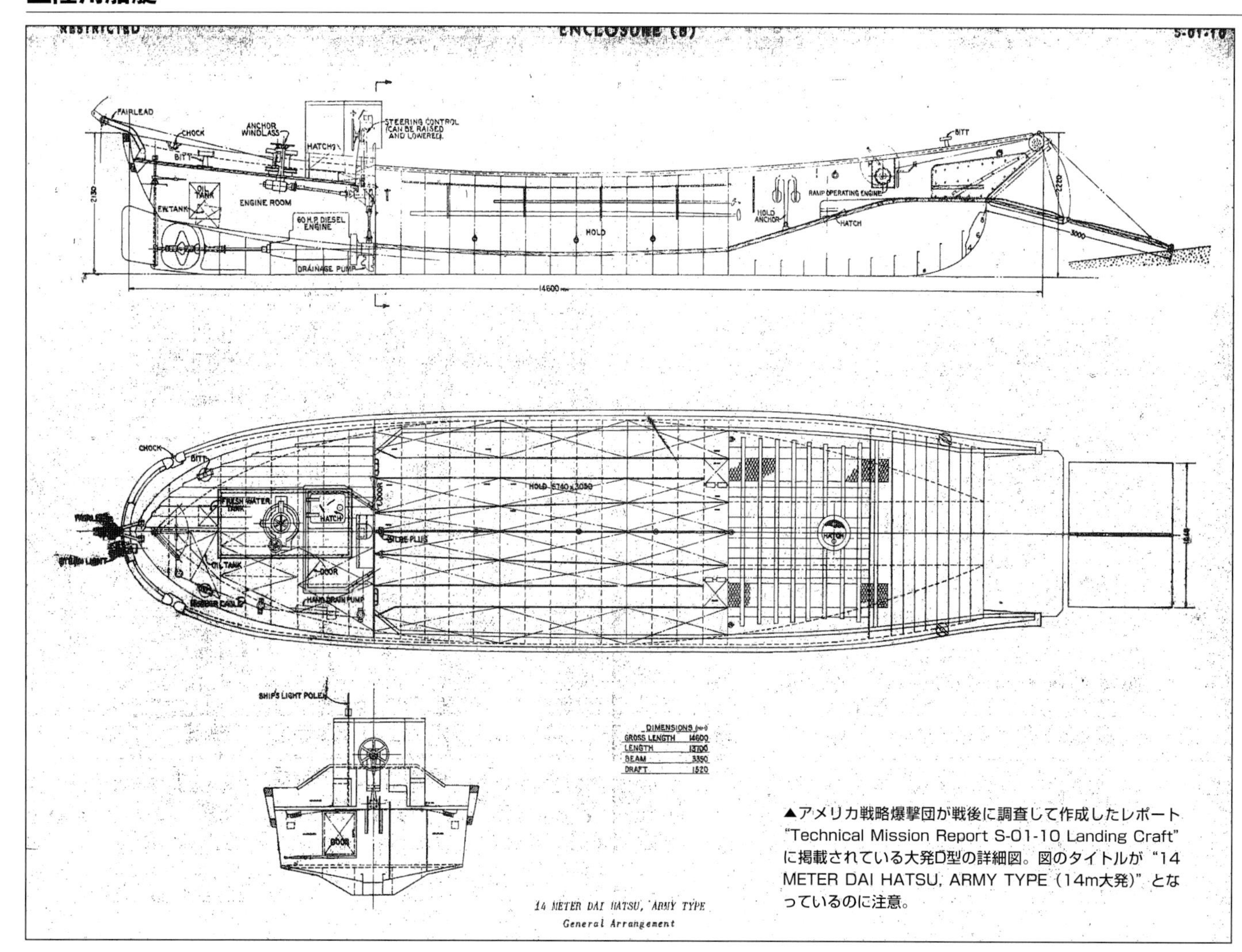

▲アメリカ戦略爆撃団が戦後に調査して作成したレポート"Technical Mission Report S-01-10 Landing Craft"に掲載されている大発D型の詳細図。図のタイトルが"14 METER DAI HATSU, ARMY TYPE (14m大発)"となっているのに注意。

▼ニューギニア島ラビでオーストラリア軍によって捕獲され使用される大発D型。防弾板が無くなっているため、操舵装置が鮮明に写っており、またその両側に機関室の給気筒が付けられているのが見てとれる。

◀3mものうねりのある荒海で、10tの錘りを乗せて航行試験を行なう大発。荒天の影響もあり、凄まじい飛沫に包まれているが、写真を見るかぎりではこのぐらいの荒海では支障なく航走できるようだ。（防衛省戦史図書館所蔵写真）

◀こちらも上写真と同じ荒海で、空船状態で航行試験を行なう大発。3mのうねりを受け、船体が2/3も空中に跳ね上げられている。とはいえ、このような状態で航行を続ければ船体を破損しかねない。（防衛省戦史図書館所蔵写真）

▼八九式中戦車に似せて作られたコンクリートブロック製のダミーを乗せ、重量試験を行なう大発D型。起重機のフックのところに箱の中をのぞき込む人物が写っているが、この中に計測器が入っているものと思われる。（防衛省戦史図書館所蔵写真）

▲支那事変で作戦に従事する大発D型20号艇。八九式中戦車甲型と物資を乗せ、船体は重く沈んでいる。（防衛省戦史図書館所蔵写真）

▼八九式中戦車を揚陸させる大発D型。本タイプが八九式中戦車のサイズに合わせて製作されたことがよくわかる1枚だが、もう少し余裕のある設計を考えても良さそうなもの。ランプゲートの角度がいっぱいに下げられているが、戦車の重量を支えられないための措置だろうか？
なお、戦車の砲塔左側に見えるバケツ（あるいはトルコ帽風？）のようなものは旧式の車長キューポラ（ハッチ）を開けたものである。（防衛省戦史図書館所蔵写真）

◀軍馬を乗せて快走する大発C型30号艇。この艇は主機に宇品型60馬力ディーゼルエンジンを装備している。軍馬を乗せる場合、頭を右舷へ向けるのが決まりだったようだ。(防衛省戦史図書館所蔵写真)

◀▲上、左写真とも、昭和17年にガダルカナルへの輸送作戦で駆逐艦に高速曳航される大発D型(右手前に駆逐艦の艦尾が見えている)を撮影したもの。空船状態で30ノットを超える高速で曳航されると、船首はかなり高く浮き上がることがわかる。なお、曳航ワイヤーは、船首上端にに角材を取り付け、中央にメインワイヤーを、左右のクリートにサブワイヤーを取り付けている。
(防衛省戦史図書館所蔵写真)

◀船舶兵幹部候補生訓練基地での揚陸訓練風景で、着岸直前の大発B型がランプゲートを展開し、ロープを持った船首固定員が飛び込んだ瞬間を捉えたものである。船尾にはアンカーワイヤーが張った状態であるのがわかる。
(防衛省戦史図書館所蔵写真)

▼上の写真に続く1葉で、着岸した大発から将兵が続々と上陸している。人並みにまぎれてわかりづらいが、船首の固定ワイヤーを握った固定員たちが砂浜に横たわって保持に頑張っている様子がうかがえる。(防衛省戦史図書館所蔵写真)

▲こちらも上に続く写真で、上陸部隊の揚陸を終えて空船になった大発が離岸し、入れ替わりに軍馬を乗せた大発が着岸しようとしているところ。13ページ上に掲載した写真と同様に、馬の頭が右舷を向いて乗せられているのがわかる。
(防衛省戦史図書館所蔵写真)

▶舟艇機動などで南方の島々へ物資輸送を行なう味方の大発を敵魚雷艇から守るため、船首に対戦車砲や、写真のように重機関銃を取り付け、敵魚雷艇と対峙できるようにしたものが存在した。このようなものを「武装大発」と呼んだ。ランプゲートを半開にして、機関銃の射界を確保している様子がうかがえる。
(防衛省戦史図書館所蔵写真)

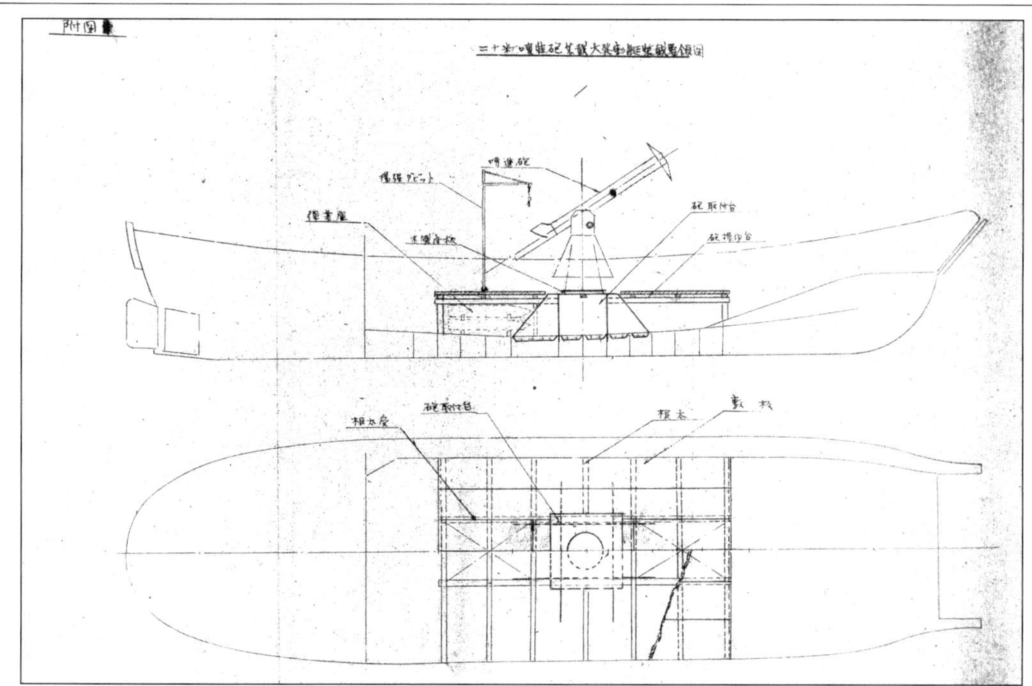

◀大戦末期には本土決戦向けとして大発に20cm噴進弾砲を搭載し、敵上陸用舟艇を攻撃する計画が立案された。左の図面は20cm噴進弾砲の搭載要領図で、その砲口に大きな火炎避けが装着されているのが外観上の特徴である。（防衛省戦史図書館所蔵写真）

◀▼こちらは20cm噴進弾砲搭載大発の実船写真。射撃試験を実施するため、調整や準備が行なわれているところ。砲口にだけでなく、操縦席前にも大きな火炎避けが設けられているのがわかる。（防衛省戦史図書館所蔵写真）

◀搭載された20cm噴進弾砲の全容。操作は１人で行なう。画面右には噴進弾装塡用のチェーンブロック（ダビット）が写っているが、揺れる船上で、しかも弾丸が飛び交う敵前で次弾装塡ができるものかはなはだ疑問で、多連装発射機に一歩譲る観がある。（防衛省戦史図書館所蔵写真）

▲20cm噴進弾砲を発砲した瞬間を捉えたもの。発射された噴進弾の後方には巨大な炎が写っており、砲の操作員は席に着いたままであるのがわかる。（防衛省戦史図書館所蔵写真）

▲着岸試験中の小発C型226号艇。船首には自衛の機銃用防弾板が装備されているが、肝心の機銃は未装備のようだ。また、上陸兵は今まさに飛び込もうとしている。
（防衛省戦史図書館所蔵写真）

小発動艇

第一次世界大戦でのガリポリ上陸作戦の情報を得た日本陸軍において、大正10年（1921年）に敵前上陸用として自走浮舟の研究が始まると、翌年8月には木製浮舟に着脱式発動機付き推進器を装備したものが製作され、四国で行なわれた特別大演習に参加した。

そして大正13年には、この艇に対する具備すべき次のような案件がまとめられた。

1，軽装歩兵約35人を積載できること。
2，馬匹を積載できること。
3，普通運送船のダビットで揚搭が行なえる重量であること。
4，発動機付き。
5，発動機の音は小さくする事。
6，機動速力は8ノット以上。
7，曳船、櫓の使用ができること。
8，脱着式防盾付き機銃を使用できること。
9，門橋を組み得ること。

また鋼製にするために以下の点に注意が払われた。

1，重量軽減
2，係存耐久力
3，船体構造上複雑なる曲線を構成する。
4，小銃弾に対する効力を大きくする。
5，泛水使用する場合、緊急使用に適する。
6，浮力は木造に比べ大きくし吃水の関係有利にする。

大正13年末に以上の案件を満たすべく3隻の試作艇が完成した。この試作艇は通常のプロペラを装備したもので、小発動艇A型と呼ばれるものである。

ところが翌年末、四日市港沖演習での不祥事により、鋼製船体ゆえか凌波性が乏しいことが判明。また、戦術上要求する速力に達せず改善が必要だと痛感し改良が続けられることとなった。

そこで、大正15年末にはスパイラルプロペラを採用し、船尾をトンネル形状にして速力増加を計ったものが製作された。これをB型という。しかし、船首の凌波性は依然不足しており、昭和初年になると全面的に設計を改めた新型を作ることになり、以下の具備案件をまとめた。

1，泊地進入後、迅速に隠密揚陸準備を完了。
2，軽装歩兵40名積載。
3，最大速力8ノット以上。
4，船体の耐波、凌波性の増大
5，軽易な障害物を突破できること。
6，水際付近の捲き波に耐えること。
7，6～8隻で戦闘隊形で敵前上陸ができること。
8，信号通信設備を装備する。
9，機関及び推進器の保護を確実にする。
10，機銃または歩兵銃の射撃可能にする。
11，馬匹及び重量物を搭載できること。

これを元に、昭和3年6月、船首を延長し揚陸作業を容易にするために船底を平坦にした試作艇2隻及び曲形型2隻を製作し、8月に実用試験を行なった結果、船底平坦型が採用された。これをC型という。

しかし、一方で既成の試作艇を改良しつつ試験を続けていた。昭和2年末には機関位置を中央に移設、外板を1.6㎜亜鉛メッキ鋼板、船首は4㎜ニッケルクローム鋼板にしたことで、防錆に抗力を発揮した。

昭和6年には、船体強度増大のため助骨数を6本に増やし、外板を1.6㎜から2.3㎜に厚くし、船底に木製の防底材を装着した。この構造はC型に受け継がれた。昭和8年には、全電気溶接を採用し生産性を改善した。

また、昭和13年3月、C型144号艇の船首をW型にした試作艇を制作し、試験研究が行なわれたが採用されずに終わった。

昭和15年から17年の間に年間150～200隻が生産されたが、18年以降は戦場での輸送で大発の方が重宝され、小発の需要は減り生産が停止され、生産力を大発生産へシフトさせている。

これとは別に、昭和7年6月、敵前において小発の指揮ならびに伝令用艇として使用する目的で、鋼製を使用し、外洋では小発より速力が出る艇を案出した。これが特殊発動艇である。船体形状は小発を標準としたため、見た目は小発である。この年の年末に行なわれた陸海軍大演習には7隻が参加した。

その後、速力向上を目指し船首尾形状を改善、水槽試験を繰り返した改良型が誕生した。軟鋼板を使用したものは平時には工兵隊の訓練用として使用されている。範式N.C.鋼板製特殊発動艇は、昭和12年3月までに12隻が完成していた。

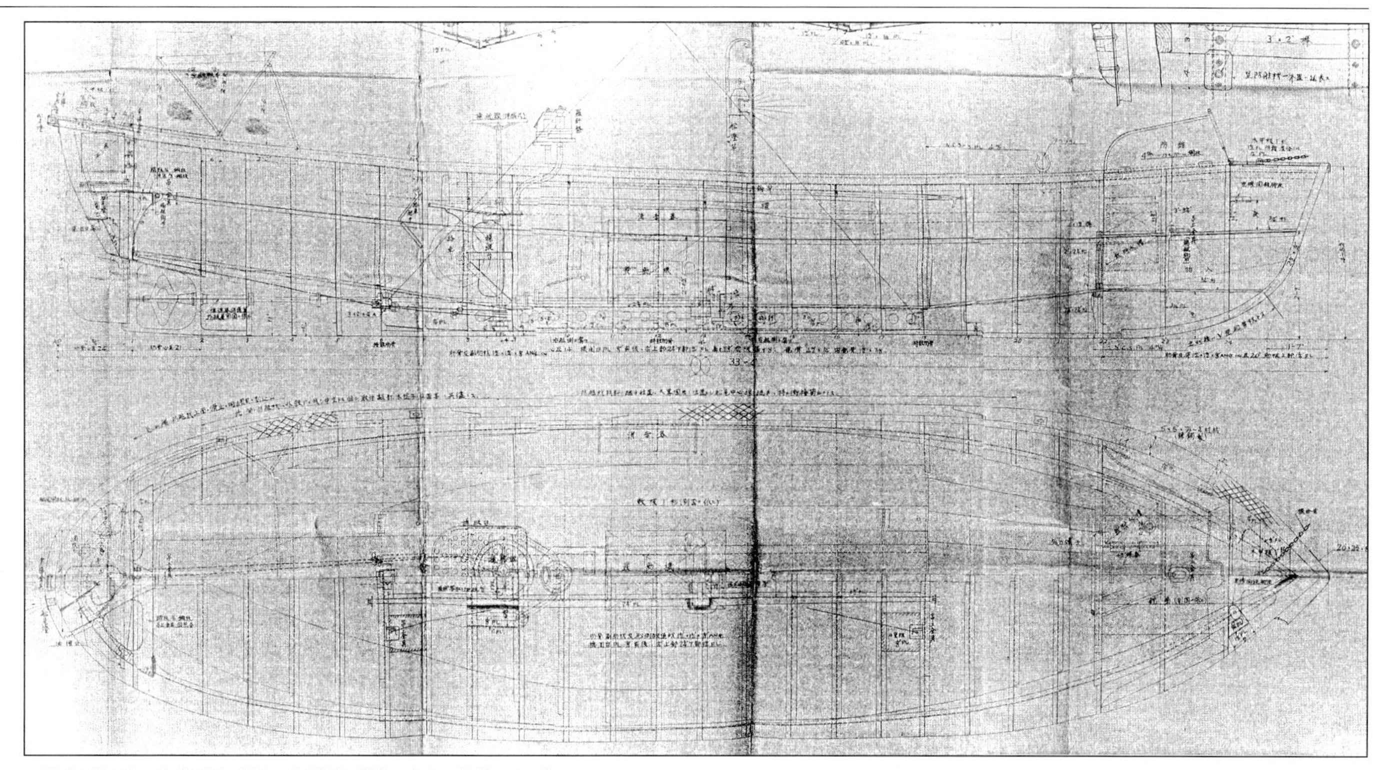

▲範式小発B型の公式図面。船首に防弾板と機銃、中央に主機、その後に操舵装置が配されているのがわかる。ちょうど全長を三等分した位置の船体底面に吊り上げ金具が設けられている。

▼同じく範式小発B型の公式図面。船体主要部を輪切りにした断面図で、小発独特の船体形状を知ることができる。

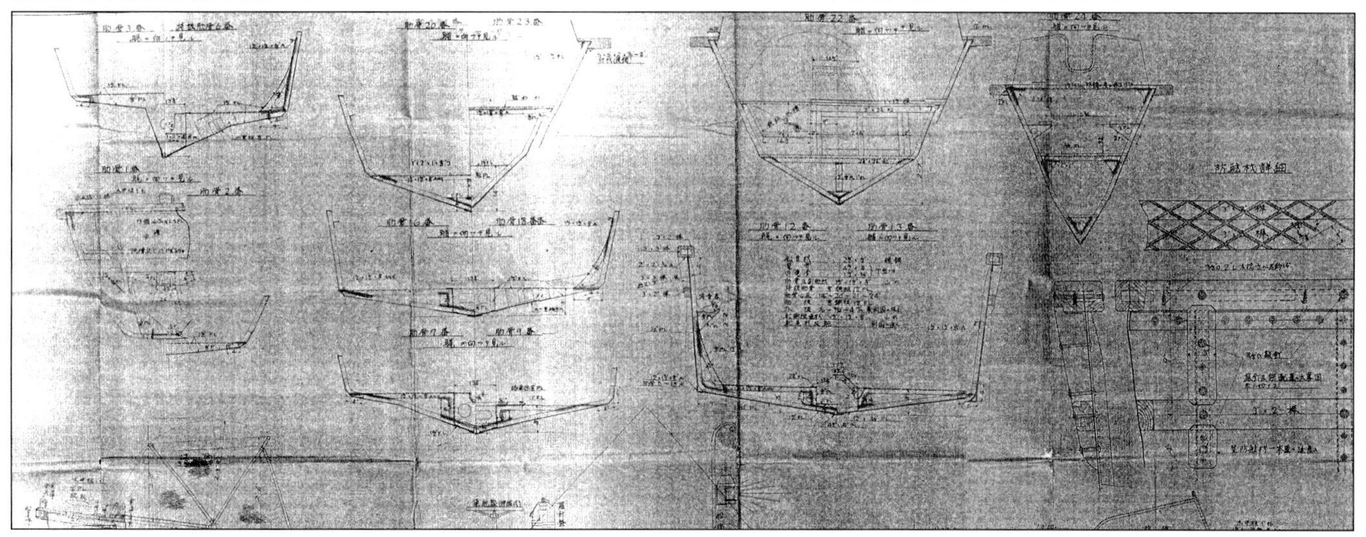

▶訓練のため宇品港の陸軍桟橋に待機中の小発A型。周囲にキャンバスが張られているのは乗船している将兵たちを隠すためであろうか？（防衛省戦史図書館所蔵資料）

小発動艇 要目

全長	10.71m
幅	2.44m
深さ	1.3m
自重	3.5t
吃水	軽荷船首 0.24m、船尾 0.64m、平均 0.425m 満載船首 0.4m、船尾 0.86m、平均 0.63m
機関	60 馬力ディーゼルエンジン 1 基 （大発と同じもの）
速力	軽荷 9.5 ノット、満載 8.17 ノット
航続時間	10 時間
積載量	武装兵 30 名、又は貨物 3t
乗員	4 〜 5 名

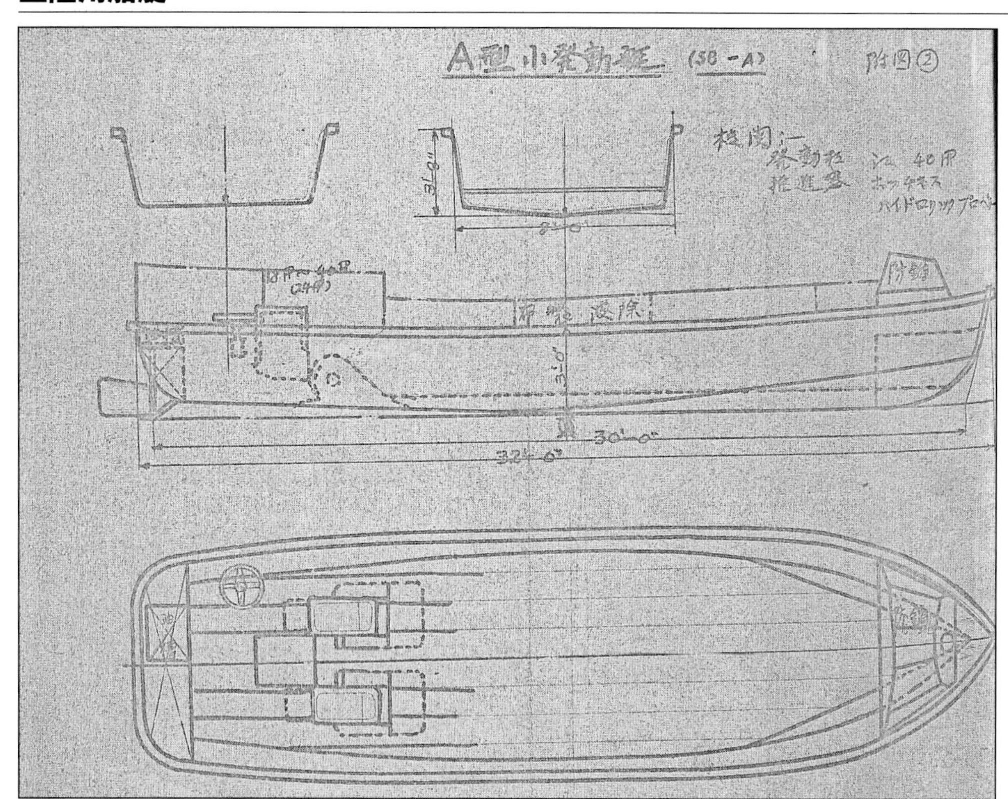

◀小発A型大体図。主機に40馬力エンジンを搭載し、ハイドロクックップロペラが採用された。機銃の防弾板は後だけオープンになったタイプが描かれている。（防衛省戦史図書館所蔵資料）

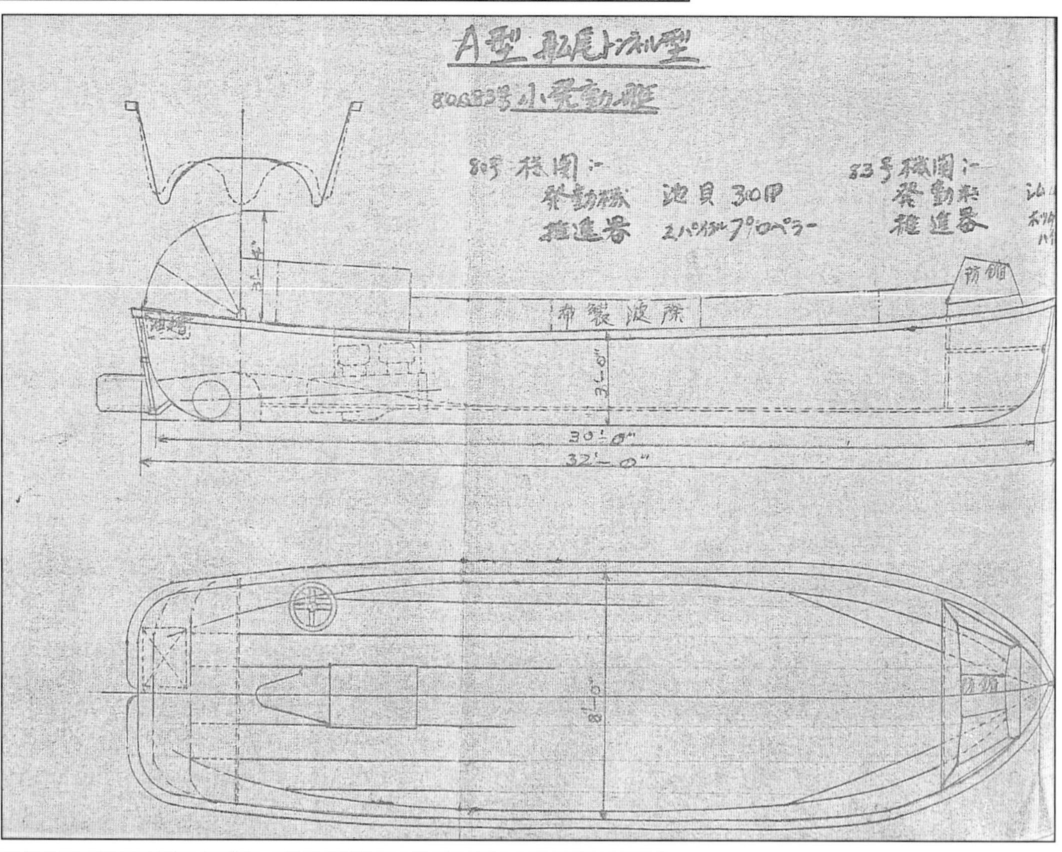

▶A型船尾トンネル型は読んで字のごとく、船尾をトンネル形状にしてスクリュープロペラ（本図からスパイラルプロペラだったことがわかる）を障害物から守ろうというもの。A型の80号艇と83号艇の2隻を改造して試作されたが、あまり効果もなく失敗だったようだ。（防衛省戦史図書館所蔵資料）

◀障害物突破訓練中の小発A型8号艇。船首の機銃用防弾板は取り外され、前方の視界が確保されている。小発A型の主機にはフォード製とシーム製のエンジンが使われていた。（防衛省戦史図書館所蔵写真）

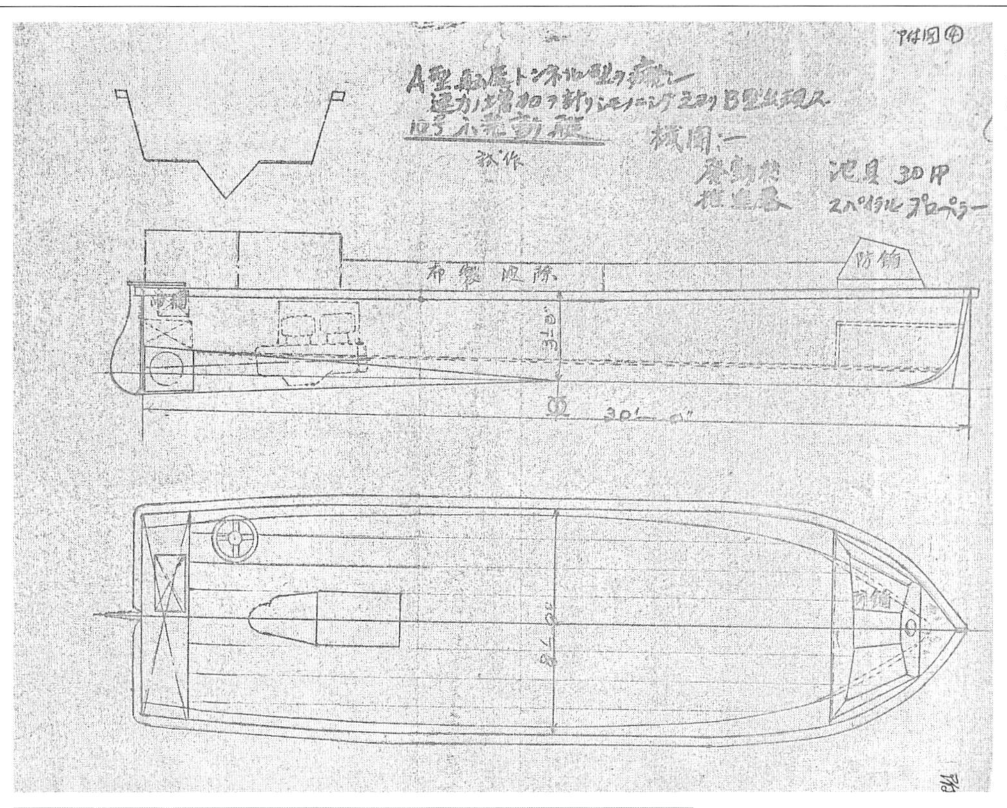

◀A型船尾トンネル型の失敗により、船尾形状を改良した試作艇が小発A型10号艇を改造して作られた。これが成功して速力の増加を得たため、さらに改良が加えられてB型として誕生する。(防衛省戦史図書館所蔵資料)

▲船首に、後ろがオープンになった閉鎖型防弾板を付けた小発A型8号艇。銃身が見えないため、機銃は未装備と思われる。船首下にブロックが見えるが、着岸する瞬間を撮影したものと思われる。
(防衛省戦史図書館所蔵写真)

▲昭和3年、小発B型が6隻製作され、宮崎県土々呂で試験が行なわれた。写真はその時のもので、2列で航行しているように見える。
(防衛省戦史図書館所蔵写真)

▼輸送船から海面に降ろされる小発。船体中央のかまぼこ型のものはエンジンカバーであるが、操舵装置が中央ではなく左舷に設けられているのに注意。(防衛省戦史図書館所蔵写真)

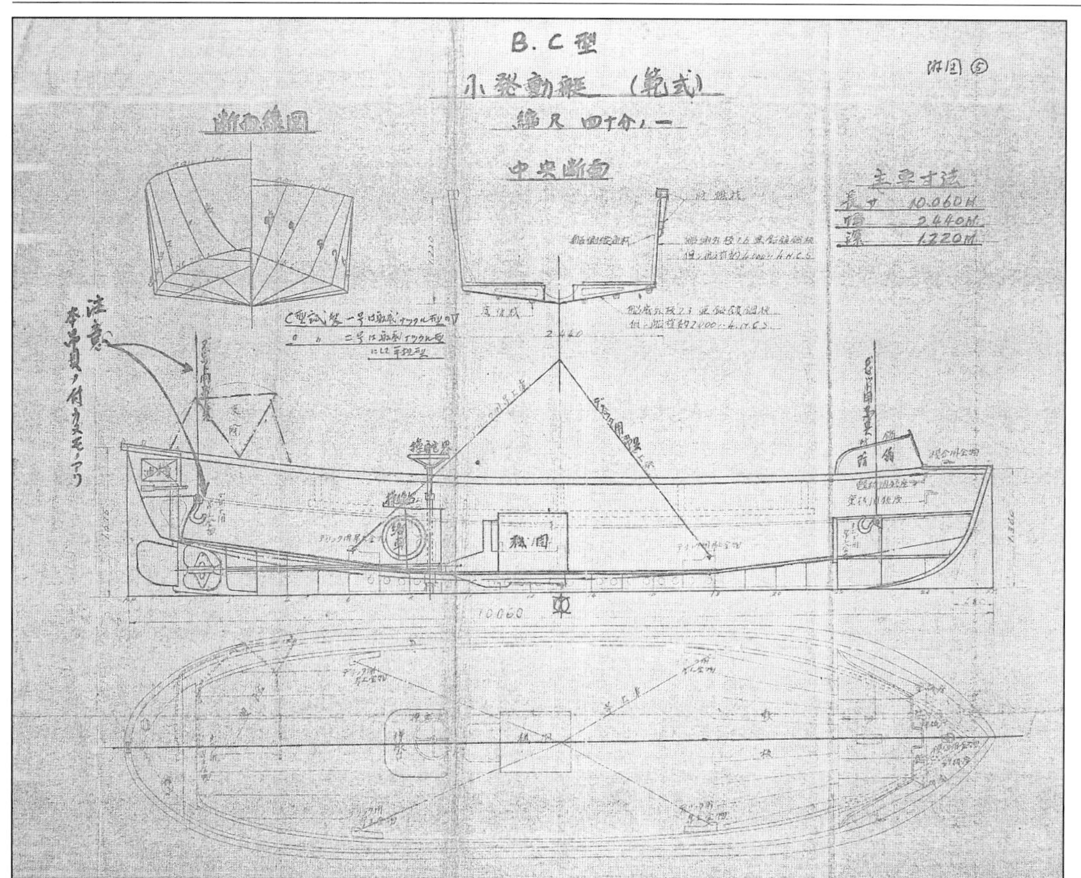

◀船尾改良型からさらに船体形状を改良、熟成させたものがB型で、この出現により小発がほぼ完成したということができる。
（防衛省戦史図書館所蔵資料）

▲遠浅の海岸で、2.5mの巻き波のなか着岸試験を行なう小発94号艇。この後、本艇は転覆し、犠牲者を出すこととなる。
（防衛省戦史図書館所蔵写真）

▶船底強度の検証のため、意図的に石の多い海岸へ着岸する小発94号艇。乗艇している将兵たちが心配そうに海のなかを覗いている様子がうかがえる。
（防衛省戦史図書館所蔵写真）

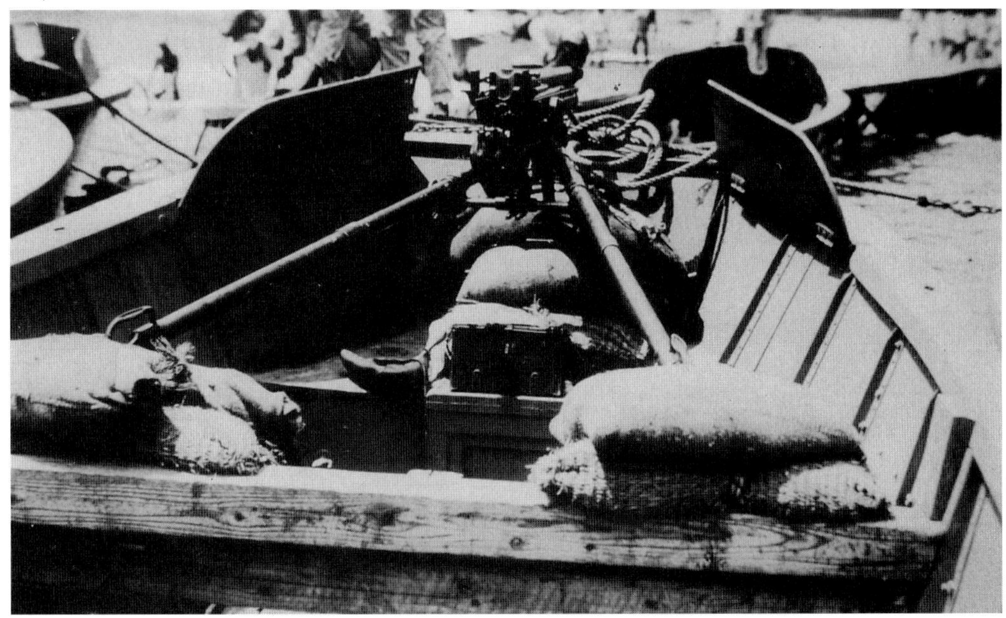

◀小発の船首への重機関銃の取り付け状況を伝える写真。土嚢を積み、その上に重機関銃を配して、銃脚を土嚢で固定している。防弾板形状には数種類あるようだ。（防衛省戦史図書館所蔵写真）

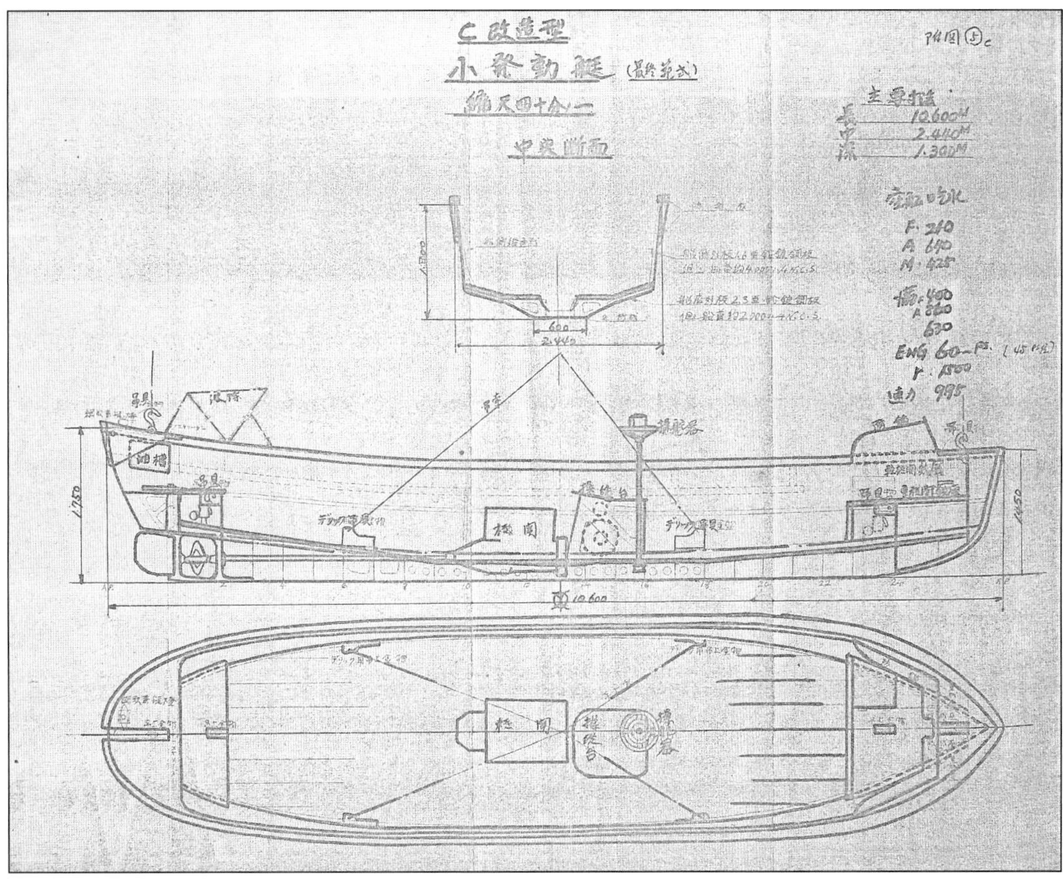

▶小発C型大体図。船体形状を改良し、操舵装置を主機の前に位置変更されている。これが小発の決定版となった。（防衛省戦史図書館所蔵資料）

◀長距離移動訓練中の小発C型109号艇。船体中央部にテントを張り、乗員はこの中で自営する。船尾には燃料ドラムを多数搭載するための台が設置されている。（防衛省戦史図書館所蔵写真）

上陸用船艇

▶船舶兵幹部候補生訓練基地で航行訓練中の小発C型1075号艇。船首の乗員は見張りだろう。（防衛省戦史図書館所蔵写真）

▼海岸へ着岸した小発C型1065号艇。船首には今まさに降りようとしている船体固定員、船尾には竹竿で船体を固定する乗員の姿が見える。
（防衛省戦史図書館所蔵写真）

▲こちらも海岸へ着岸した小発で、大発とは違い、小柄な小発の船体固定員は1名であるのがわかる。船体が離岸しないようロープを引っ張り、乗員たちを上陸させようと懸命になっている様子が伝わってくる。
（防衛省戦史図書館所蔵写真）

▶船体の固定が終わると、乗船した将兵たちが我先にと小発から飛び降りていく。しかし、この瞬間が敵のかっこうの「的」になるのが写真でおわかりいただけるだろう。
（防衛省戦史図書館所蔵写真）

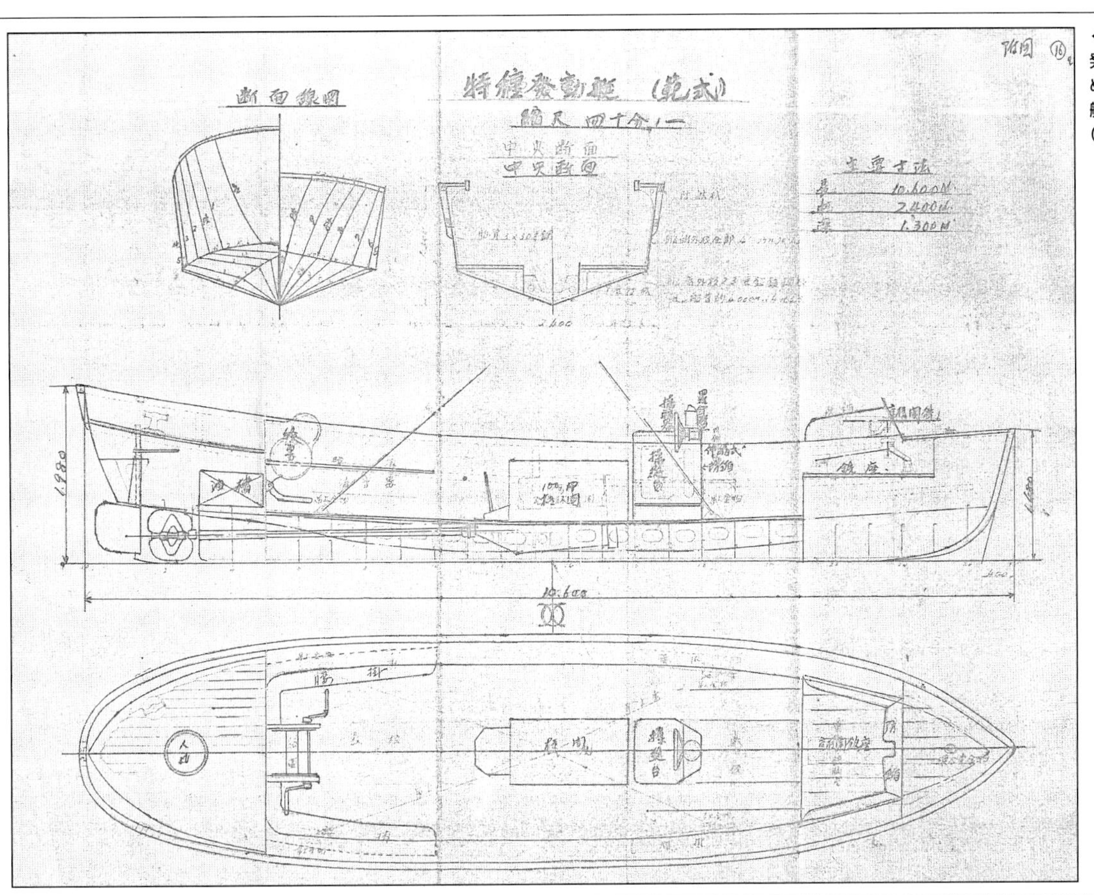

◀小発を改良して作られたのが特殊発動艇である。機関馬力が大きいため、小発より速力が速く、上陸用舟艇の指揮や伝令用に使用された。（防衛省戦史図書館所蔵写真）

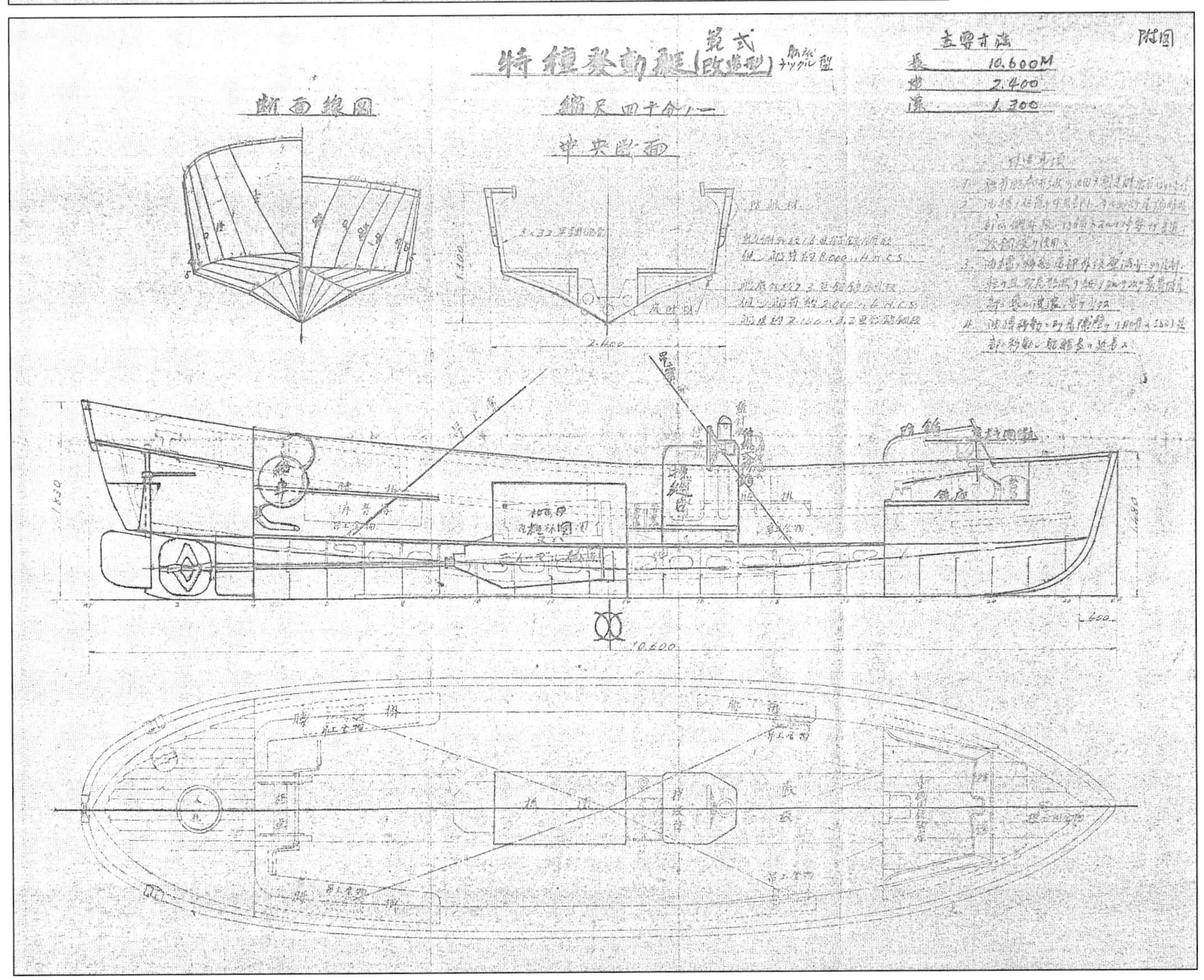

▼船体材料をN.C.鋼板に変更した改良型である。線図を見るかぎり、船体形状も少し変更されているようだ。（防衛省戦史図書館所蔵写真）

▲船舶兵幹部候補生訓練基地で、2本の丸太に滑車を付け、小発C型2256号艇の陸揚げが行なわれている。小発吊り上げにはリールが使用されているのがわかる。（防衛省戦史図書館所蔵写真）

◀上陸地点の海岸が崖の場合、通常の方法では上陸できないため、このようなハシゴが開発された。ただこれが実戦で使用されたかは不明である。（防衛省戦史図書館所蔵写真）

▲昭和18年に撮影された木合板大発一型。船首上部構造が変更され、傾斜角度が垂直に近くなっている。また、船首船底の形状も変更されていることがわかる。しかし、ランプゲートがこのようなものでは揚陸には役に立たないだろう。（防衛省戦史図書館所蔵写真）

木製大発動艇（木合板製大発）

昭和17年になると、戦況に合わせ汎用性の高い大発の需要が激増したが、増産には鋼材が不足し、また鋼材大発の生産能力にも限度があったため、補助的に木製のものを作るべきと参謀本部からの提案があり、直接戦闘に使われない補給任務用のものを木製で代用する方針で、同年秋に運輸部金輪島工場で試作艇の建造が始められるのと同時に大量生産の準備が始められた。

簡単な施設と素人でも大量生産ができることに配慮されたが、横浜ヨット製作所の千葉四郎氏により船舶に耐水ベニヤ板を用いる発案があり、これを大発に適用することになった。これが木製大発動艇、略して木大発（もくだいはつ）、あるいは合板製大型発動艇と呼ばれるものである。一般様式木造船と同じ洋式木船とされたが、揚陸に使用する船首歩み板を取り付ける部分だけを鋼材で補強された。船底形状は、船首は大発と同じだが、船尾は一般木造船と同じである。

船体の材質には耐水ベニヤ板が使用されたため、重量が鋼製大発より軽くなっていたが、九七式中戦車（16t）を積載できるように改設計された。

同年11月頃に試作艇は完成。しかし東京監督班による試験の結果、強度上の問題が発見され改修が命じられ、また大量生産が可能な工場が探されるこ

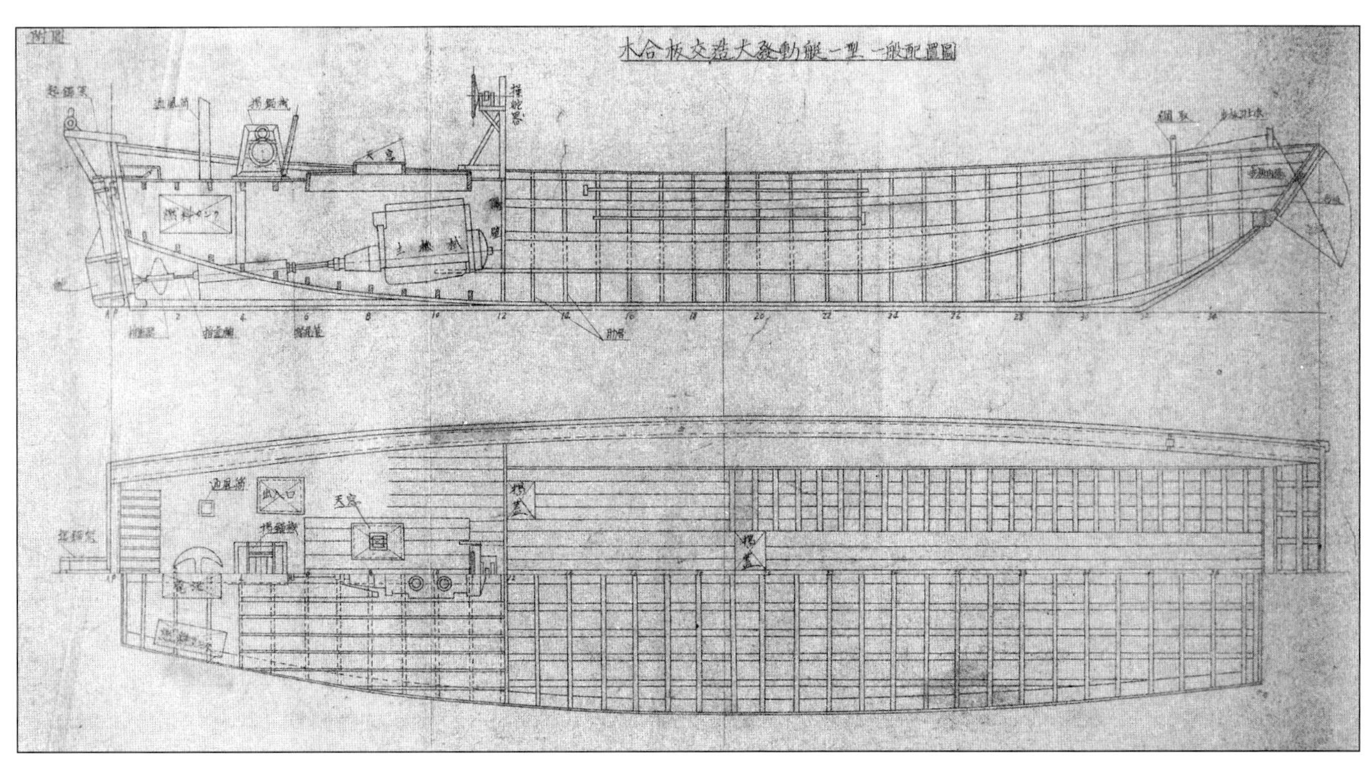

▲木製大発動艇（木合板大発）一型構造図。縦断面を見ると鋼製大発との形状の違いがわかる。また船体幅が広くなったことも平面図からわかる。（防衛省戦史図書館所蔵資料）

ととなった。12月、日産農林鶴見工場が自動貨車の生産減少により、工場設備に余剰があり、ベニヤ板の生産が可能であるため、とりあえず200隻の注文の内示をした。

しかし、構造の改良が思うようにはかどらず、量産に着手できずにいたところ、海軍艦政本部が自動車のエンジンを取り付けた合板製大発を、陸軍に何の許可も得ずに日産農林に発注して生産を開始した。これを知った陸軍は海軍に抗議し、陸海軍と日産農林の三者で協議することとなった。その結果、昭和19年6月に日本造船が誕生することとなったのである。日本造船は、横浜の県貯木場を利用することとなり、鶴見工場と新山下工場の二工場を持っていた。陸海軍は両工場を半々に利用し工場の設備用資材は、各利用工場の分をそれぞれが出すことにした。

ところが、海軍はもともと陸軍が試作途中のものを生産したため、強度不足をはじめ成績不良で全てを改修しなければいけない状態であった。

こうしたなか、横浜ヨット工作所による改修はいっこうに進歩せず、昭和18年6月、ついに運輸部東京出張所が改修設計を開始、7月にこれが完成し日本造船新山下工場で生産に入ったが、船首尾の生産は複雑な形状ゆえに難しく、横浜ヨット工作所に改めて試作を命じた。12月、試作がようやく完成。試験の結果、おおむね性能良好であったのでこれを採用した。その特徴は以下の通り。

・外板は10㎜合板を釘と接着剤で2枚重ねにした。
・船底形状は箱形に改め艇首は箱形で真ん中を凹ますことで2本船首を確保した。
・船尾は浮力過剰でプロペラが半分程度水面上に出たため、完全に水没するように形状を絞り浮力を減らし対応した。
・歩み板は巻き上げ捲き下げ式なしで、取り外し式とした。
・船尾揚錨機は手動にした。

生産は瀬戸内海沿岸の広島付近と近畿地方の木造造船所でなされることとなり、第1回目の発注数を200隻とし、その後は毎年数100隻が建造された。

こうして大量生産された木大発は各部隊に配備されることになったが、昭和19年11月に小笠原諸島への補給輸送に用いたものが、波浪で船底を破損するという問題が発生した。そのため、相模陸軍造兵廠において昭和20年1月下旬から研究がはじめられ、2月上旬には補強の基本設計を開始し、3月上旬に設計が完了した。4月2日から8日まで相模湾で耐波試験が行なわれ、その結果、補強点は問題なく、計画通りの耐波性能を有することがわかり、中旬に研究を終了した。補強後の要目は合板大発と大差なかった。改修された点は以下のようなもの。

1，外板及び戸立の外面に包板を張付る。
2，V型船底を止め、平坦にした。
3，縦従諸材を延長しその断面積を増加する。また防舷材を1条増加する。
4，助骨肘板に補強板を張付する。
5，梁を取り外し式とし船倉部に新設する。
6，歩板を木製大発と同一とする。
7，機関蓋構成部の断面積を増加し、ボルトを使用し肘板を増設する。
8，冷却水吸入孔に水揺を新設する。
9，諸管を鋼管又はガス管に変更する。
10，諸計器を機関室甲板裏面に新設した計器板に装着する。

これを木合板大発一型という。すでに生産したものも同様の補強が行なわれた。

また、合板大発の製造は横浜地区でなされ、船積みも横浜のみであったため、その他の地域でも鉄道輸送ののち船積みできるように、少し小型化したものが作られた。これを木合板大発二型というが、昭和20年2月下旬に研究を開始、4月上旬から横浜ヨット工作所鶴見工場で試作艇の建造が開始され、5月上旬に完成した。5月10日から14日まで実用試験が行なわれ、一部改修が必要だが実用性が認められ採用された。しかし、船体小型化のために積載量が減り、貨物なら8t、自動貨車1台とされた。

木大発 要目

全長	14.55m
幅	3.33m
深さ	1.52m
自重	11t
満載排水量	23t
吃水	軽荷船首 0.30m ／船尾 0.40m ／平均 0.35m 満載 1m
機関	60馬力ディーゼルエンジン（自動車のエンジンを使用）
速力	7ノット
積載量	武装兵70名、馬匹8頭、自動貨車1台、貨物10t

▲船舶兵幹部候補生訓練基地での訓練風景。機関室入口付近や、操縦席の構造が鋼製大発とは違うことがわかる。また船尾には浮力過剰のため、バラストが乗せられている。（防衛省戦史図書館所蔵写真）

▲木合板大発二型の船首を写したもの。W型船首の間隔は鋼製大発より広くなっており、ランプゲートも短い。（防衛省戦史図書館所蔵写真）

▶木合板大発二型の船尾。一型は浮力過剰で予想以上に船尾が浮いてしまったため、二型では細く絞り浮力を押さえた。スパイラルスクリュープロペラはそのままだが、舵の取り付けは鋼製大発とは変わっている。（防衛省戦史図書館所蔵写真）

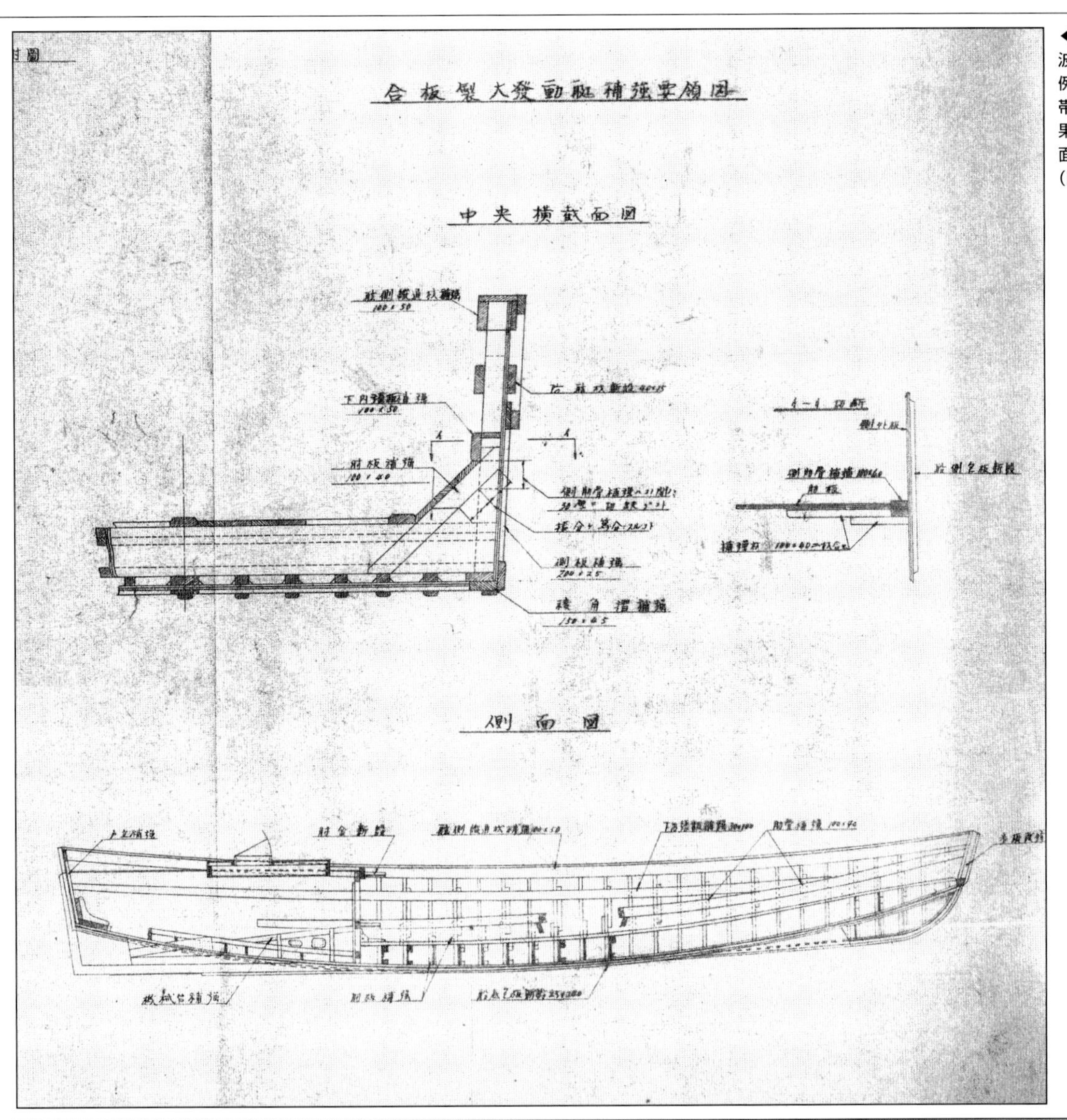

◀航行試験において合板の継ぎ目が波浪の影響により剥がれるという事例が発生したため、合板の継ぎ目に帯板を貼り付ける処置がなされ、結果、問題は解決した。左上の図は断面で補強の様子を図示したもの。（防衛省戦史図書館所蔵資料）

▼木合板大発二型構造図。一型に比べ船首を広くし、浮力過剰だった船尾は平面形を絞る改正が行なわれた。船体はひと回り小さくなり、その分、積載量は1/3になった。（防衛省戦史図書館所蔵資料）

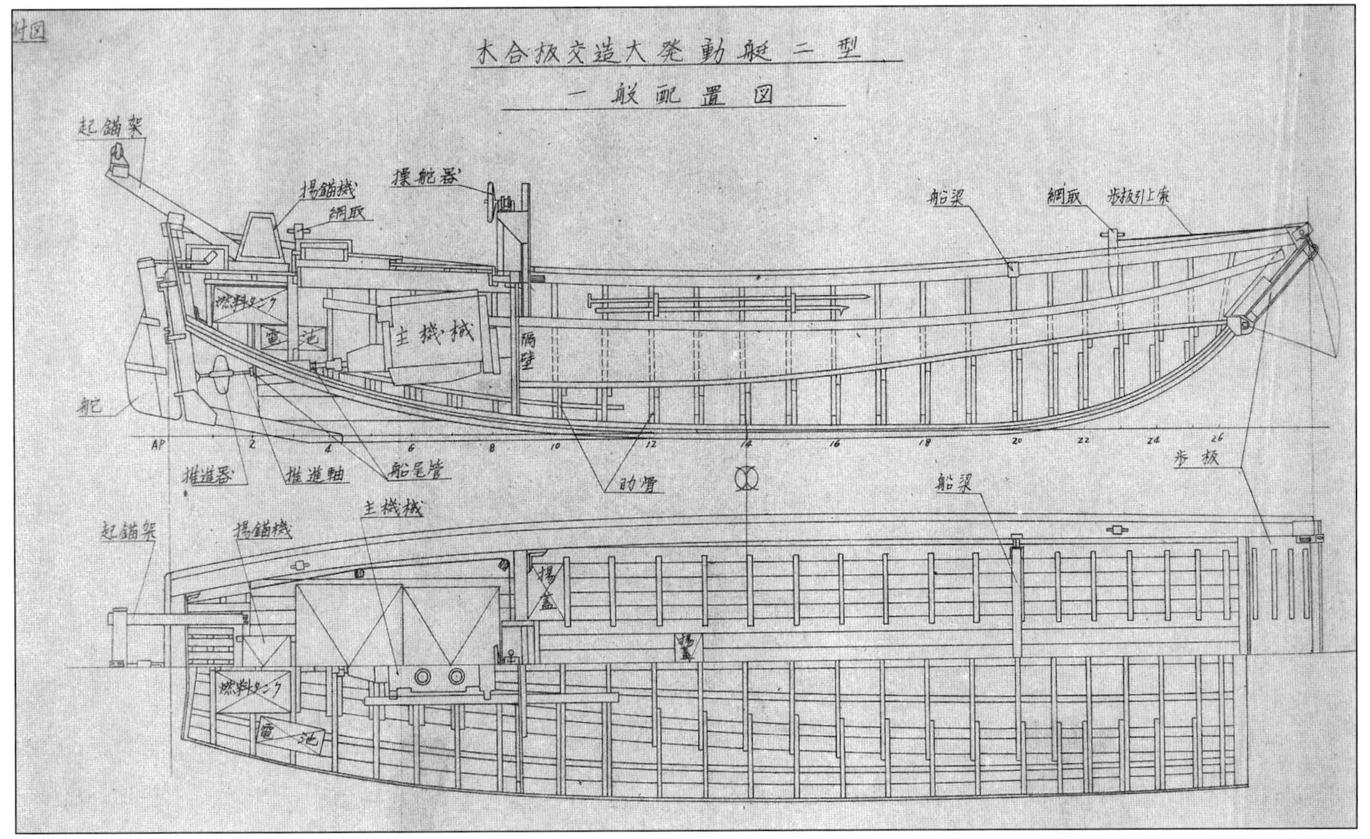

組立式大発動艇

輸送船上に大発を積載する場合、平らな場所でなければならず、その場所は自ずとハッチ蓋の上などに限られていた。これではたとえ大型船であっても5～15隻ほどしか積載できないし、もし仮に大量に積載すれば、その重量によりトップヘビーになりかねない。そこで、船倉内に入れられるようにブロック式に解体でき、接合も簡単な組立式大発が考案された。

昭和18年2月頃、各種舟艇の製作実績のある千葉工作所に研究が命じられ、追って5月には参謀本部から南方の基地で作って第一線へ輸送し、組み立てられるものを要求された。これにより運輸部東京出張所で図面上での研究をし、製作図と組み立て指導書を製作、加工した部材を生産して南方軍へ送ることとなった。これは組立式大発というよりも、「大発組み立てキット」と評する方がいいだろう。これらは昭和19年10月までに完了した。

その後の昭和20年1月上旬、組立式大発の研究が再度開始された。中旬には船体三分体一分割の基本設計を終了し、(株) 明石工場で試作を開始したが、1月24日に設計変更が行なわれた。

1，船体を五分体二分割とする。
2，船尾部の船形を変更する。
3，船首甲板並びに歩み板全面に増設する。

上記の改良を加えた試作艇が2月中旬に完成、2月14日から19日まで実用試験を実施し、実用に適する性能を有することがわかり、2月下旬に研究終了した。

その構造は以下のような特徴であった。

1，船体は助骨9番、15番、22番、29番で分離する五分体で構成する。分割部の外板、竜骨、斜甲板等の接合はボルトにより結合する。
2，各分体の上面に覆いを設置する。
3，6番、13番助骨上部の幅は極力広く取る。
4，歩み板は脱着式とする。

組立式大発 要目

全長	14.9m
幅	3.6m
深さ	1.54m
自重	10.53t
平均吃水	軽荷状態 0.485m 満載状態 0.8m
積載量	武装兵70名、馬匹10頭、九五式軽戦車1台
貨物平水	12t以下
波浪中	10t以下
巡航速力	7ノット
組立分体数	5個
機関	名称形式水冷六気筒60馬力ディーゼルエンジン
出力	60馬力（1500回転／分）
航続性能	7ノット／15時間

◀試験中の組立式大発。外観は従来の鋼製大発とそう変わらない。写真で見える、船体に記入された４本の白線の位置が、船体ブロックの接合面である。
(防衛省戦史図書館所蔵写真)

折畳式合板大発動艇

昭和18年10月1日、組立式大発同様に大発の代用として、主に輸送に使用できるものをと考案され、11月上旬に設計に着手し、3月初旬に図面が完成した。昭和19年3月8日に試作開発訓令が出され、横浜ヨット製作所に試作開発が依頼されたが、6月8日第三技術研究所が開発に難航しているため、第十技術研究所が研究を引き継いだ。その時の試作艇の進捗状況は70%ほどだった。

7月中旬に試作艇が完成。同月23日から28日まで実用試験が実施され、船体は十分な性能だったが推進器に改良が必要とされたが、すでに新たな推進器が開発中であったため、その完成を待ち試験を再度行なうこととなった。そして昭和20年2月9日から13日まで、新たな縦型推進器を付け実用試験が行なわれ、実用に適する性能を発揮し採用され研究は終了した。

その構造は

1，船体は合板製としＶ型。船体中心部の折り曲げる部分にはゴム蝶番を使用する。組み立て時の船形の保持は船緊、船底吊鎖等を利用する。
2，主機械は、豊田又は日産の自動車用エンジンを二基とする。

というものであった。

折畳式合板大発 要目

全長	16m
幅	3.8m
深さ	1.7m
自重	14t
吃水	満載状態1m
積載量	16t
速力	満載状態最大7.5ノット
常用	7ノット
機関名称形式	豊田又は日産自動車用エンジン2基
出力	67馬力（毎分2800回転）
常用	45馬力（毎分15回転）
推進器	2基

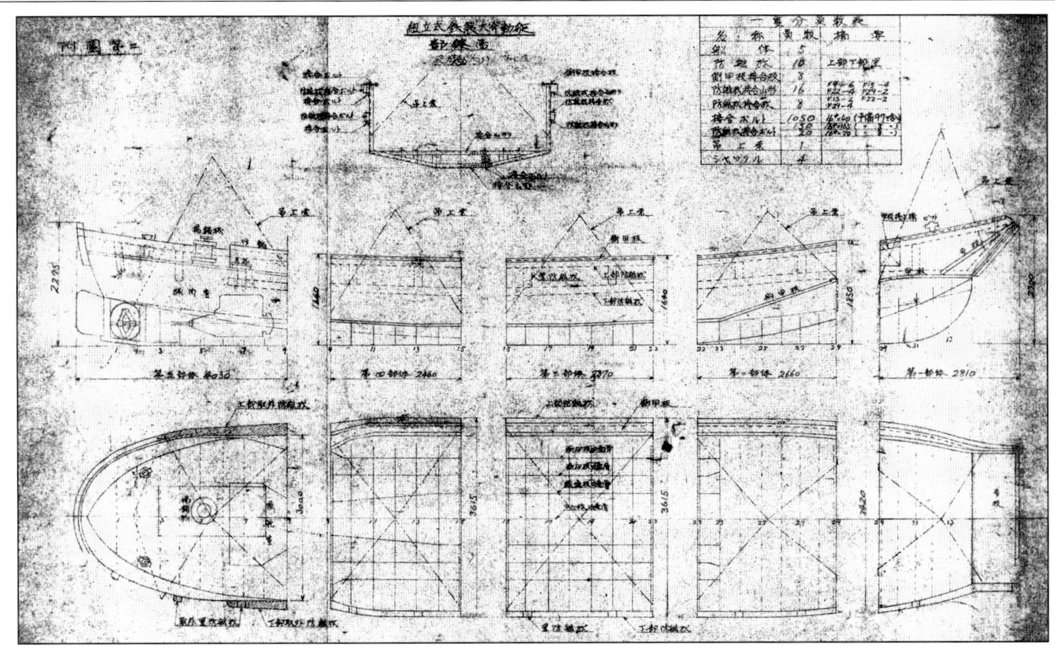

◀組立式大発の各船体ブロック図。各ブロックの形状、吊り上げ金具位置、吊り上げワイヤーの張り方がわかる。
(防衛省戦史図書館所蔵資料)

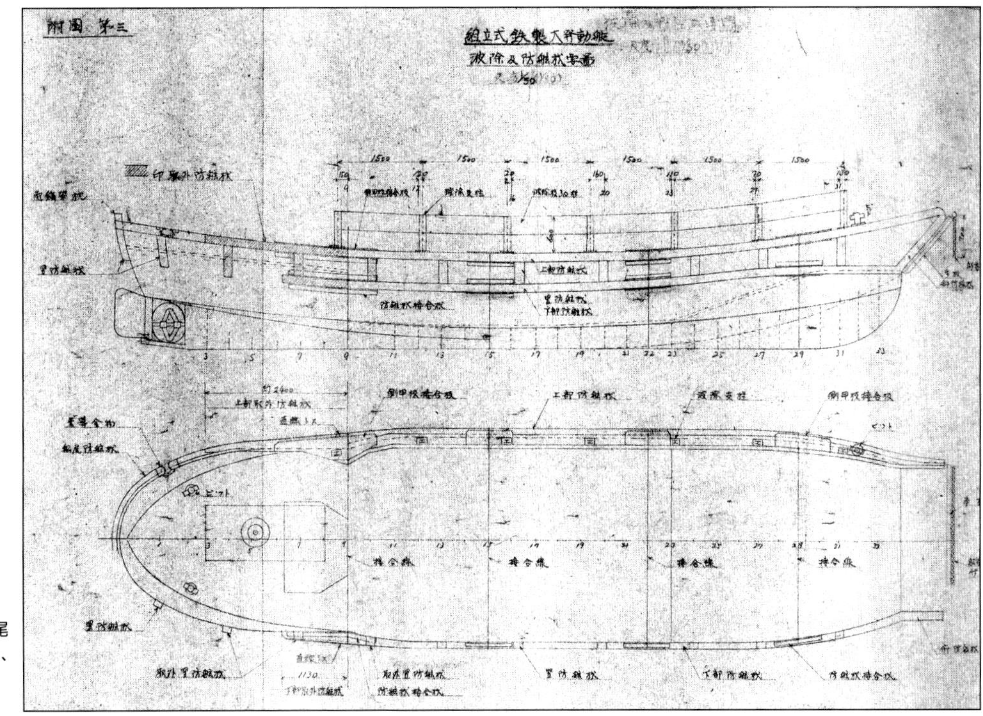

▶組立式大発一般配置図。鋼製大発とは船尾防舷材の取り付け方が変化している。また、天幕用梁の取り付け位置も詳細にわかる。
(防衛省戦史図書館所蔵資料)

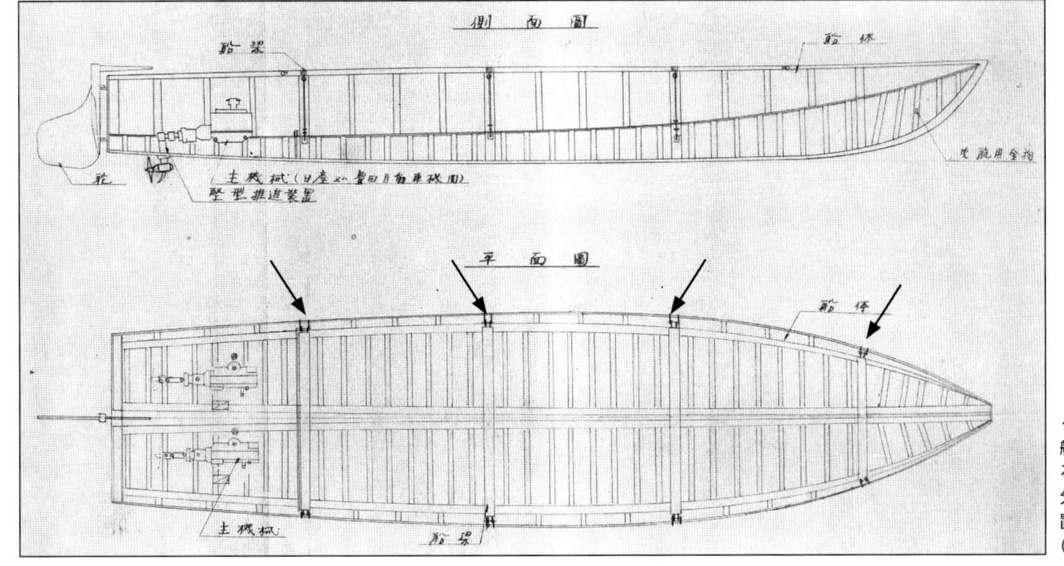

◀折畳式大発一般配置図。展開時に船体形状を維持するために取り付ける梁の位置が4ヶ所図示（矢印の部分）されており、2基のエンジンの位置が明確にわかる。
(防衛省戦史図書館所蔵資料)

特大発動艇

昭和12年（1937年）になって、車重16tの九七式中戦車が制式化されると、従来のD型大発ではこれを積載することができないため（八九式中戦車は重量12t）、新たな大発の開発が急務となった。

そこで開発がはじまったのが特大発動艇で、昭和15年に宇品の部内工場で試作艇が完成し、実用試験の結果、十分な性能を得られたため採用されることとなった。

構造は基本的には従来の大発と同様だが、船体はひと回り大きくなり、歩み板は大型化されたためエンジンで開閉するように改められた。また、機関は60馬力ディーゼルエンジン2基、プロペラ2個とした。

昭和16年5月までに100隻が建造され、その後も毎年30隻程度が継続建造された。

特大発 要目

全長	18.05m
幅	3.7m
深さ	1.75m
自重	17.5t
満載排水量	34t
吃水	軽荷状態：船首0.20m、船尾0.931m、平均0.565m 満載状態：船首0.78m、船尾1.12m、平均0.95m
機関	60馬力ディーゼルエンジン2基（大発と同じもの）
積載量	九七式中戦車1台、自動貨車2台、武装兵120名、馬匹13頭、物資16.5t
乗員	11名

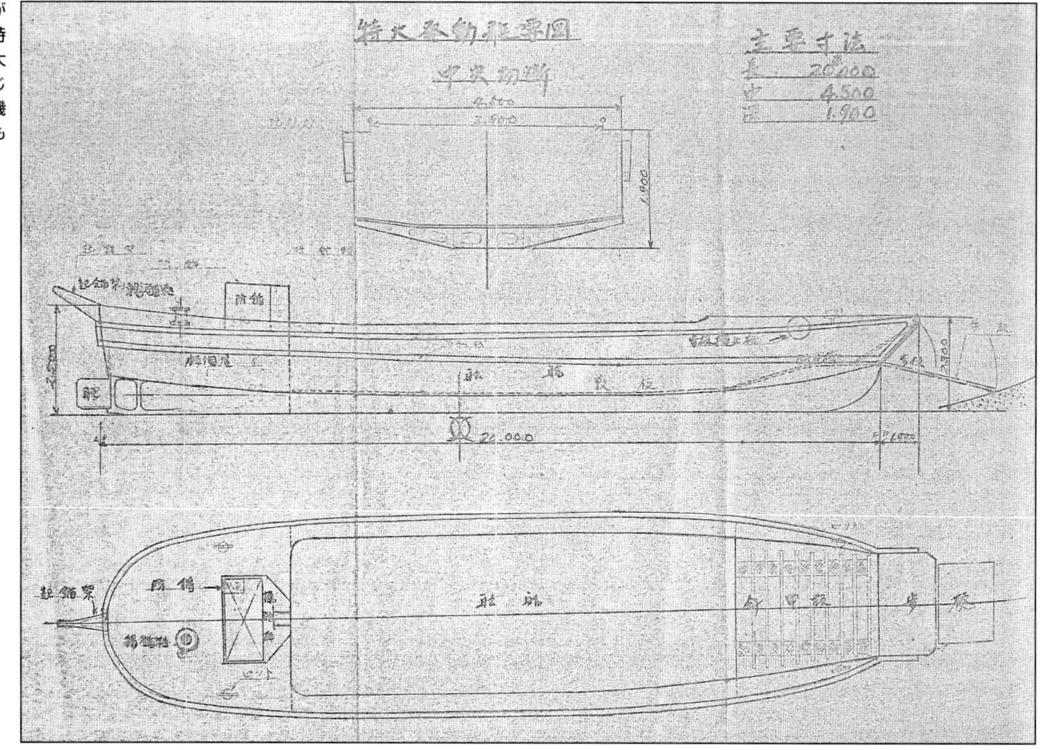

▶特大発の大体図だが、なぜか寸法が異なる興味深いもの。あるいは計画時の寸法なのかもしれない。特大発は大発を拡大したもので、基本構造は同じだがサイズが大きくなったため、主機は2基搭載された。操舵席の防弾板も大発よりも大型になっていた。（防衛省戦史図書館所蔵資料）

▼大発D型と特大発との比較図で、大発には八九式中戦車が、特大発には九七式中戦車が描きこまれているが、どちらかというと大きく描かれた九七式中戦車のシルエットが八九式中戦車に、小さく描かれた方が九七式中戦車のシルエットに近くなっているのがおもしろい。なお、本図に記載された寸法が正しいものだ。（防衛省戦史図書館所蔵資料）

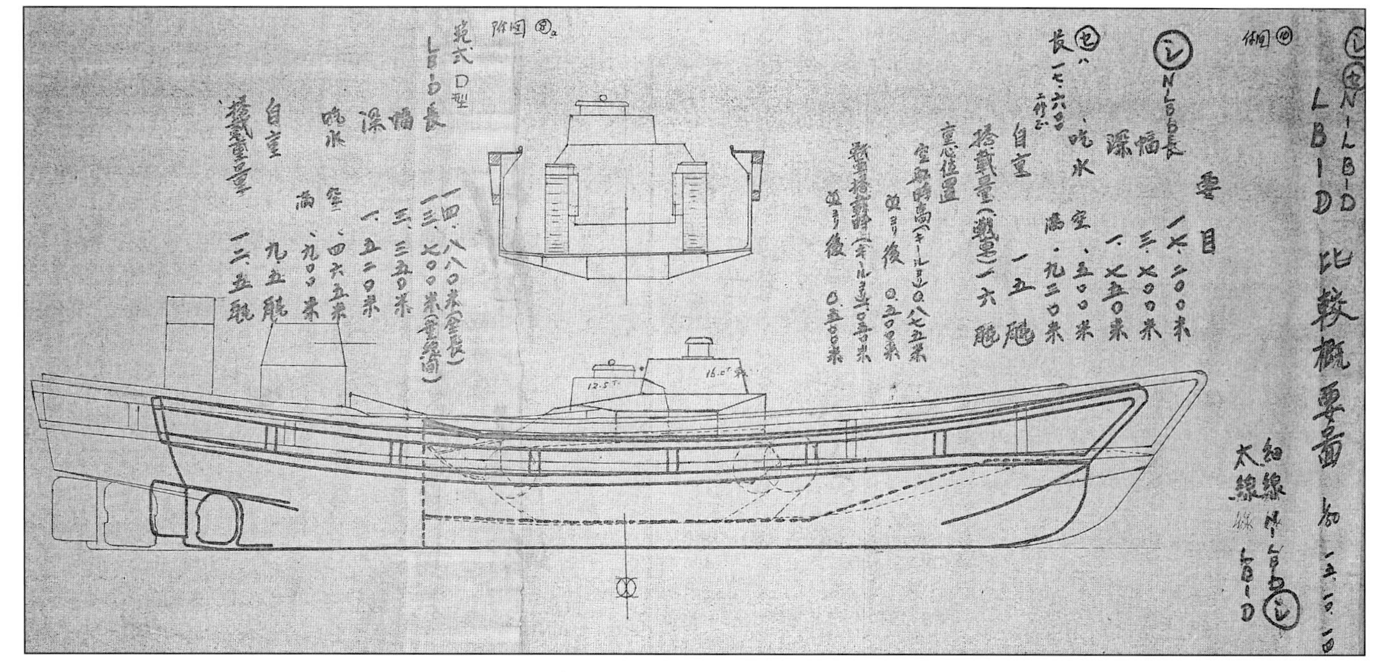

大型発動艇

昭和18年10月1日、舟艇機動を行ないつつ上陸作戦、並びに補給用に使用できる、また現在開発中の20t級四式中戦車チトを積載可能な大型舟艇の研究が始まり、翌昭和19年1月下旬には日立造船所桜島工場で設計に着手されたが、波号戦闘艇の設計が急がれるため、この設計は一時中断され、8月中旬より再開された。特大発より大きな本艇を大型発動艇といい、大型大発とも称された。

8月下旬、おおかた船体設計ができあがったところで船形の一部変更が行なわれ、11月上旬に大原造船堺工場で試作艇の建造が始まった。その完成予定は昭和20年3月に延期され3月中旬に完成、19日から21日まで紀伊水道で実用試験が行なわれた。その性能は速力が9.5ノットを超えなかったものの、おおむね満足いくもので、一部設計を改修し研究を終了した。

船体構造は、長距離航行に耐えるだけの公航海設備を備え、薄板溶接構造とし船首部と船尾部を建造しボルトで結合された。また、制作を容易にするために船型は直線形にした。輸送船にはこの二分割の状態のまま積載できるため、船倉への積載も可能だった。また、船橋前には37㎜舟艇砲1門、20㎜連装機銃を2基を配備し、自衛能力もある程度付加された。積載戦車も開発中の四式中戦車としたため、歩み板も大型化し折り畳み式とされた。

しかし、終戦までに各造船所での建造までには至らずに終わった。

大型発動艇 要目

全長	25m
幅	4m
深さ	2m
自重	前部約10t、後部約15t
排水量	満載状態62.270t
吃水	船首0.8m 船尾1.09m 平均0.95m
積載量	25t級中戦車1台、武装兵約120名、馬匹約15頭
速力	満載状態最大9.5ノット 常備8.5ノット
航続時間	2日間
機関名称	船舶チケ機関
機関形式	船用水冷V型12気筒ディーゼルエンジン2基
出力	最大250馬力（毎分1500回転）
兵装	四式基筒双連20㎜高射機関砲2門、37㎜舟艇砲1門

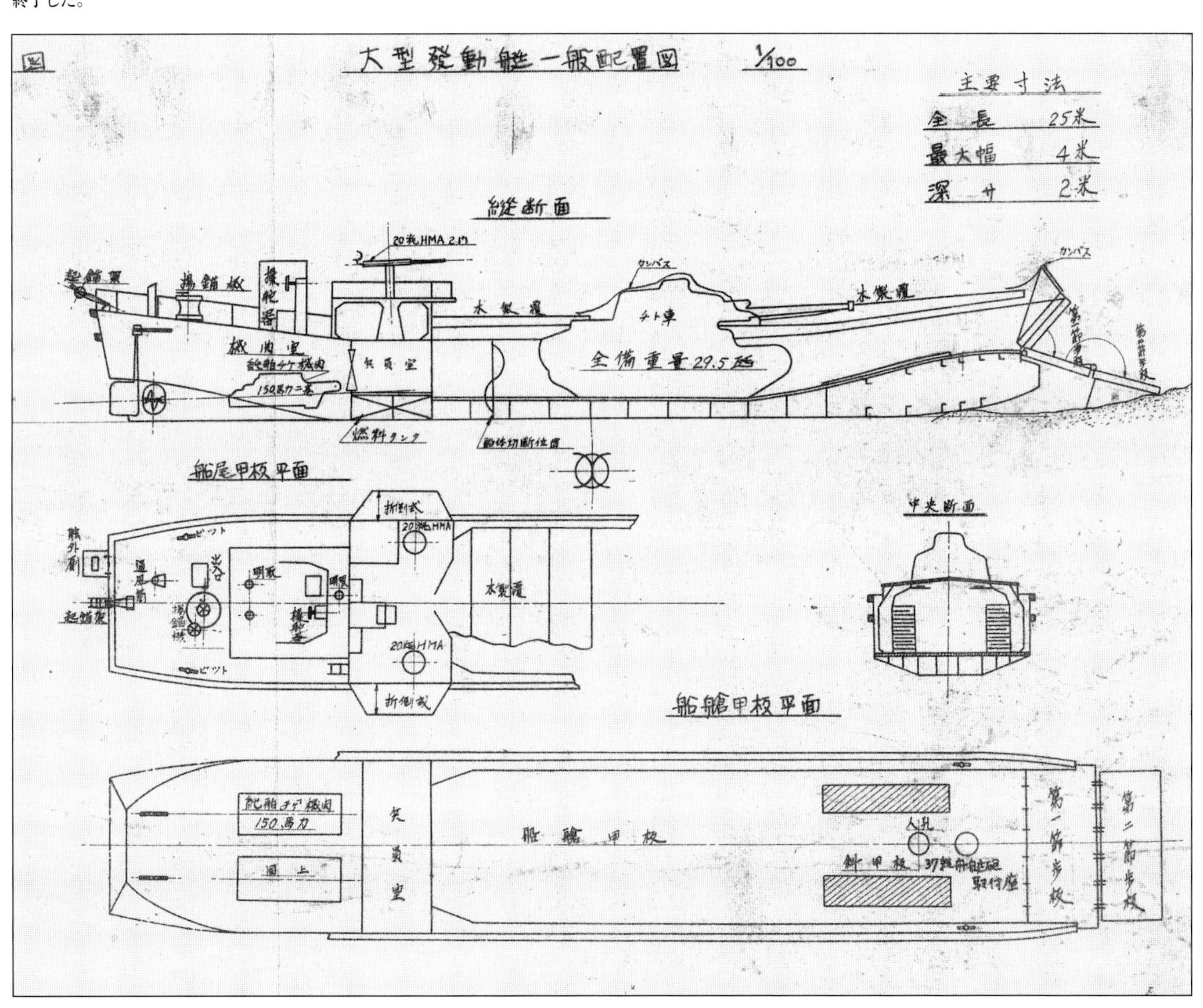

▲特大発よりさらにひと回り大きい大型発動艇は四式中戦車チトを搭載して揚陸させる目的で開発された。1/100スケールで製作された（註：本書への掲載は1/100ではない）本一般配置図ではちゃんと四式中戦車のシルエットが描かれており、その前後には木製の覆いが設けられ、突出部はカンバスでカバーをかけた様子まで再現されていることに感心させられる。本艇では自衛用の37㎜舟艇砲1門と20㎜高射機関砲2門（台座は起倒式で外側へ広くなる）も搭載されており、船内には機関室と兵員室も設けられるという、もはや大発と同列には比べられない立派なものとなっていた。上陸用の歩み板も2枚で折れ曲がって開閉される、凝ったしくみだ（P.33掲載の写真、図版参照）。四式中戦車も、本艇も多量生産される前に終戦となった。
（防衛省戦史図書館所蔵資料）

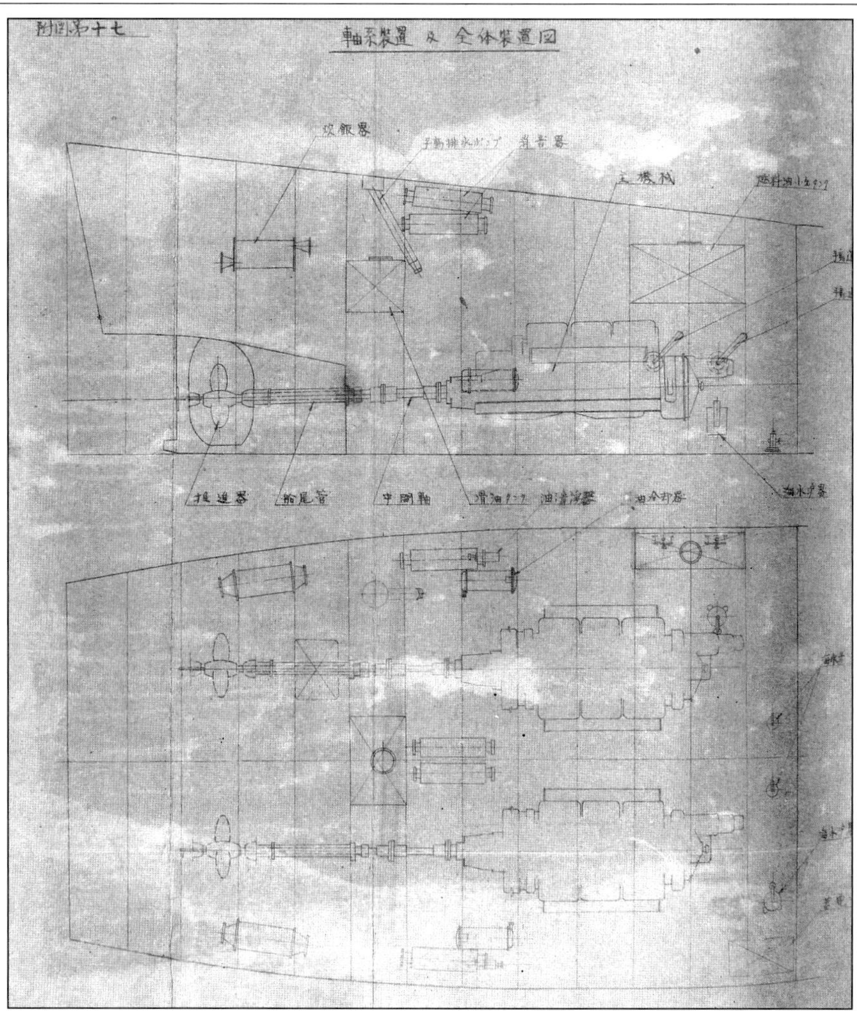

▶大型発動艇機関配置図。主機が並列に置かれ、その周囲に関係機器が配置されているのが明確にわかる。均等に描かれた縦線はフレーム位置を示すものと思われる。
（防衛省戦史図書館所蔵資料）

▼こちらも大型発動艇の概要図だが、特大発と同様、寸法が違っており、操縦席付近の配置も異なっている。あるいは計画段階で製作されたものかもしれない。
（防衛省戦史図書館所蔵資料）

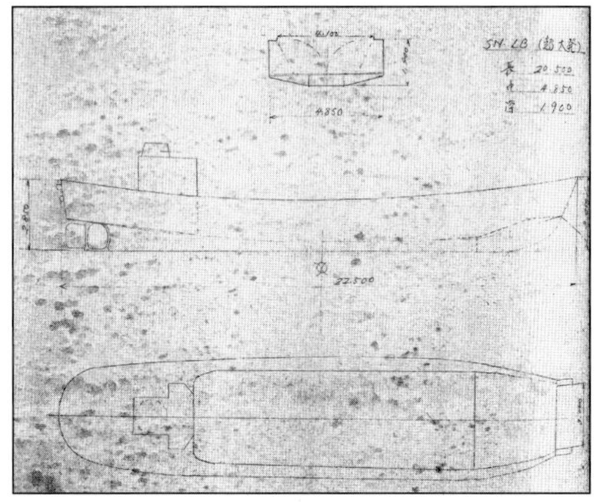

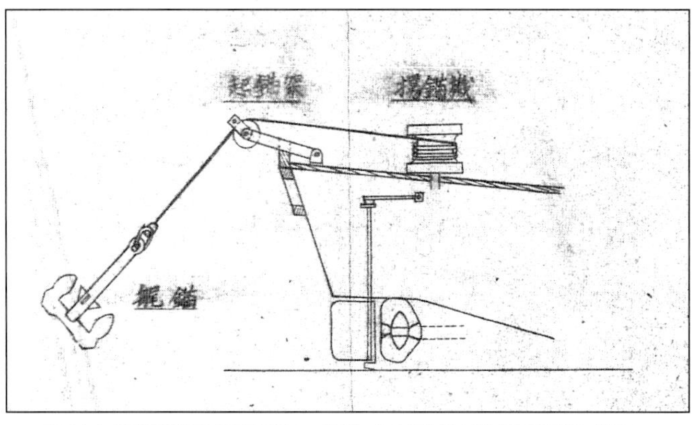

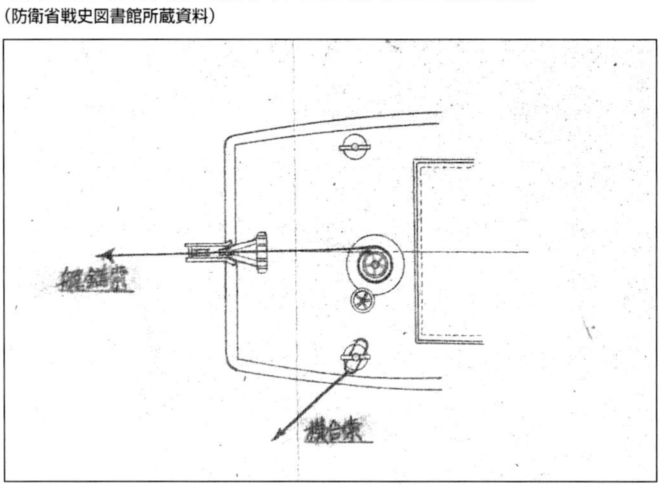

▲▼上下とも大型発動艇の船尾配置図。大発などの上陸用舟艇は接岸直前に船尾の錨を投じておき、離岸時には後進をかけつつこれを巻き上げて、迅速に陸を離れるてはずとなっていた。船体を傷つけないように設けられた起錨架に注意。
（防衛省戦史図書館所蔵資料）

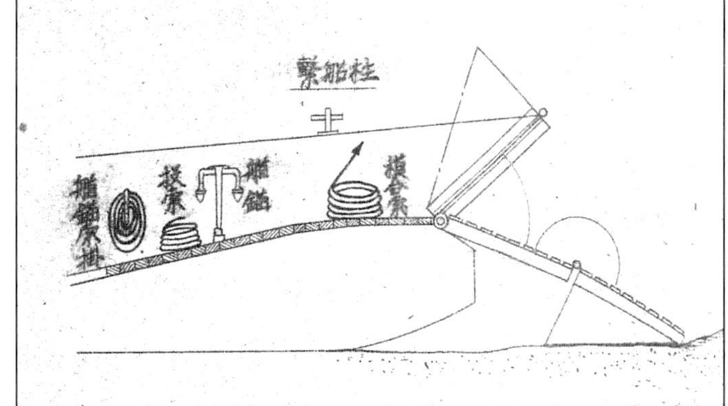

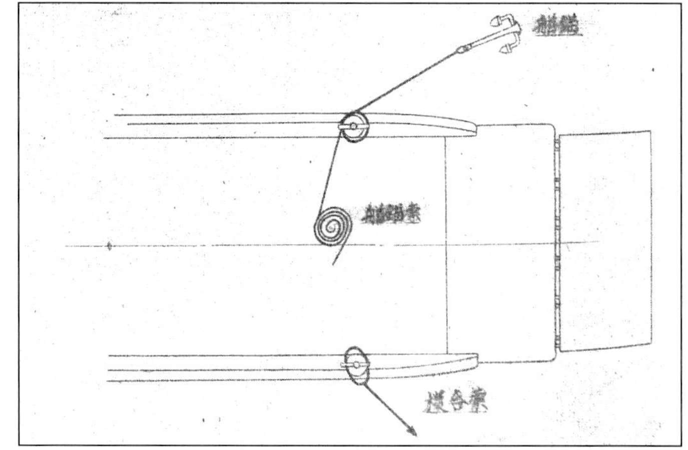

▲▼こちらも上下とも大型発動艇の船首配置図。揚陸時に船首部分を砂浜へ固定するための装備で、写真などでは判読しにくい艇内の様子を伝えてくれる貴重なスケッチだ。下図では実際の固定方法が図示されている。
（防衛省戦史図書館所蔵資料）

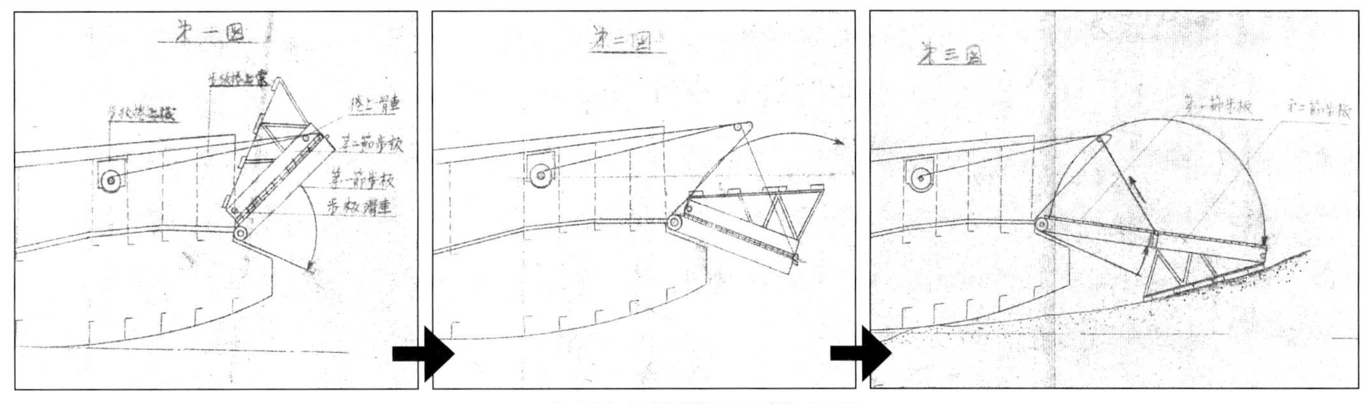

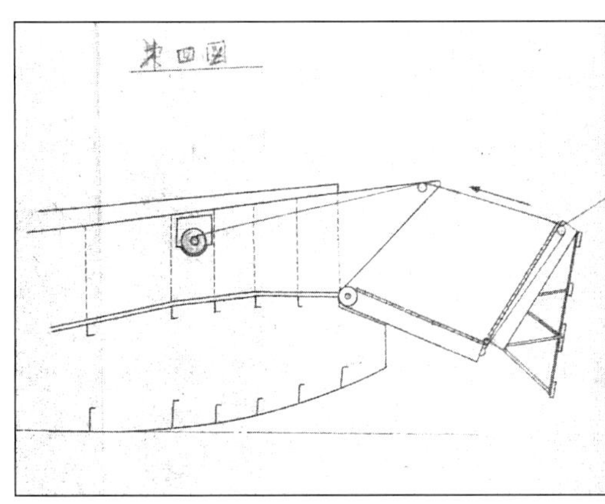

▲（上３枚）大型発動艇のランプゲートの開閉要領図。下に掲載した3枚の写真とともにご覧いただければその案配がよくわかるはずだ。真ん中の第二図を見ると、折り畳まれた第1節歩板、第2節歩板は下方へ開くといったん船首部で支えられ、第2節歩板を展開した時にワイヤーを張って角度を調整することがわかる。

◀こちらは歩板の格納状況。ワイヤーを巻き上げて第2節歩板を格納しはじめるとまた第1節歩板は船首にもたれかかるようになる。

▶歩板を展開した際の平面図。両舷に配された歩板巻き上げ機と巻き上げ滑車の位置が図示されている。
（上記いずれも防衛省戦史図書館所蔵資料）

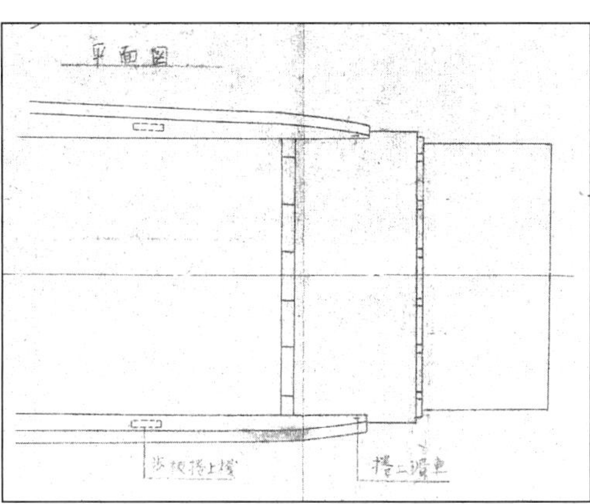

▲接岸して揚陸作業を開始せんとする大型大発。ちょうど第1節歩板を展開しようとしているところで、こうした際にはある程度の角度まで人力で開かなければならず、船首部には艇員、戦車兵3名ずつがその作業に従事している様子が見える。（防衛省戦史図書館所蔵写真）

▲いよいよ接岸し、ウインチにより第2節歩板を展開しているところ。第2節歩板の下に見えているのは角度維持用のアングルである。（防衛省戦史図書館所蔵写真）

◀ランプゲートを展開し、搭載していた九五式軽戦車が揚陸しはじめる。図面には描きこまれていない、ランプゲート上面の板の張り方がよくわかる。
（防衛省戦史図書館所蔵写真）

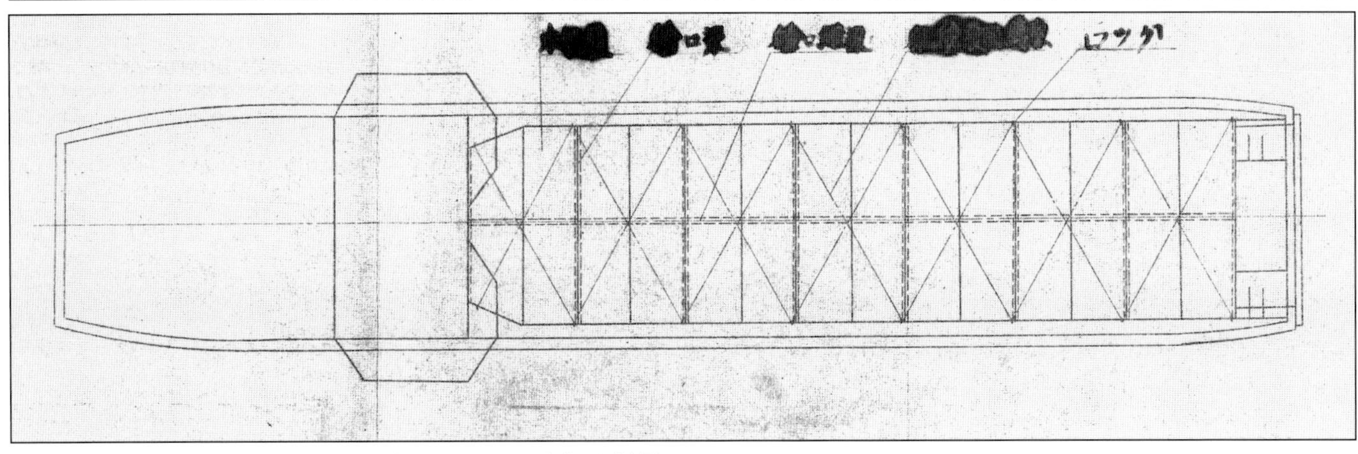

▲天幕（船倉覆）用梁の取付図で、残念ながら説明書きが読み取れないが、左から木製覆、艙口梁、艙口縦梁、船艙覆固縛索、そして「フック」と書かれているようだ。8本の横梁とその縦中心部に縦梁を付け、この上から天幕を張る。（防衛省戦史図書館所蔵資料）

◀実船写真により大型発動艇の天幕展張要領を見てみよう。まず天幕用横梁を2名の乗員により担ぎ上げ、両舷の専用金具にはめてボルトで固定する。（防衛省戦史図書館所蔵資料）

▲横梁、縦梁の取り付けが終わった状態。縦梁をわざわざ中心に取り付けるのは横梁が前後に動くことを防ぐためである。
（防衛省戦史図書館所蔵写真）

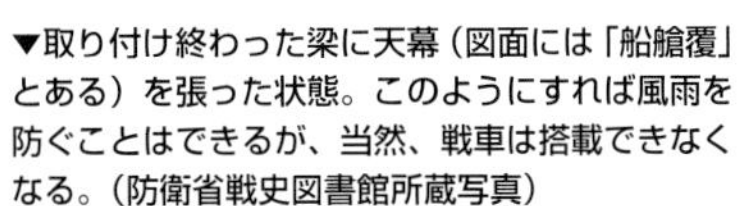

▼取り付け終わった梁に天幕（図面には「船艙覆」とある）を張った状態。このようにすれば風雨を防ぐことはできるが、当然、戦車は搭載できなくなる。（防衛省戦史図書館所蔵写真）

◀20㎜高射機関砲砲座を前から撮影。画面中央、すのこ状になった中にあって隙間なく見える部分が機関砲砲座の取り付け位置で、砲座の後ろには操舵席用の防弾板が見えている。操舵席の左右にはドラム缶も置かれている。砲座の上に置かれた白い箱は弾薬箱と思われる。（防衛省戦史図書館所蔵資料）

▲P.31で掲載した図のように、20㎜高射機関砲砲座は舷側より外側へはみ出して設けられており、他の大小艦艇、舟艇と横付けした際に破損する危険がある。そのため、舷側からはみ出ないよう、写真のように下方へ折り畳む工夫がされていた。（防衛省戦史図書館所蔵写真）

舟艇機動で本土を目指した大型発動艇試作艇

大型発動艇の試作艇は当初は幌筵島（ぱらむしる・とう）に配備されたが、昭和20年5月下旬に「本土決戦に備え、自力で北海道まで帰ってこい」との命令を受け、ようやく7月23日の朝になって装甲艇と特大発とともに出発した。以後、島伝いに航行してようやく択捉島までたどり着いたところで終戦となり、結局、ソ連軍に接収されることとなった。

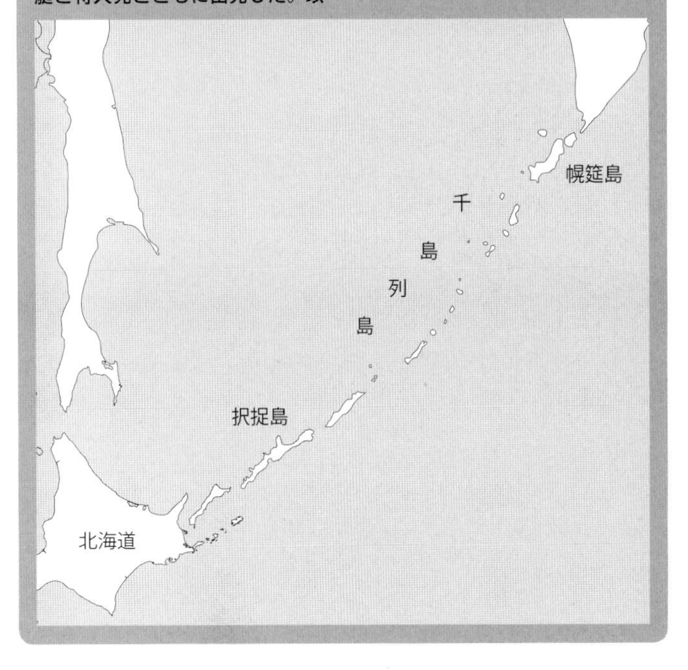

個人用上陸艇
五式軽上陸艇甲／乙

本艇は、当初最も徹底した分散上陸方式を採れるようにと考案されたものであったが、その後、逆上陸にも使えることも考慮し研究が開始された。

この艇には人力と機力の二種類が開発された。

1.人力武装個人用上陸艇

昭和20年2月上旬から走行中の船艇から泛水できる、1人または2人乗り用の奇襲上陸艇として研究が開始され、2月中旬から4月上旬にかけ6種類の人力推進方式の個人用上陸艇が設計、試作された。

試作艇が製作され4月6日から9日にかけて第一回実用試験が行なわれた。その結果、カヌー式は有効とされたが、耐波凌波性能及び捲き波海岸での接着性能の改善が求められる。

続いて4月16日から19日まで、改修された試作艇を使い第二回実用試験が行なわれ、波浪、耐波性能、及び捲き波のある海岸への接岸性能は良好で合格した。

船体の構造は、外板は合板製で船底は防水布張り、座席も防水布で覆われていた。ふたつの浮舟は船体後部（船体重心より後部1m）に、20㎜の角材で固定される。この艇を「五式軽上陸艇甲」という。

2.機力個人用上陸艇

人力のものと同時に研究が開始され、昭和20年2月上旬から5月下旬に一型と二型の設計を終え試作を制作した。5月6日から17日まで実用試験が行なわれ、実用には問題ないが、なお向上改善を要するため、修正を加えた新型を試作し再試験すると判断された。これにより改良された二型から六型の設計が行なわれ、試作艇が制作された。

5月27日に四型と五型、28日から31日に二型改良型、三型、六型の実用試験が行なわれ、三型は構造の一部を改修を要するがおおむね計画性能を満たし実用に得ると判断され、三型改修型が採用されることとなった。

主機は、陸王側車の主機またはダイハツ小型自動三輪車の主機1基とし、それぞれ大型機関艇と小型機関艇と呼ばれた。

この艇を「五式軽上陸艇乙」という。

▼五式軽上陸艇甲一般配置図。アウトリガー式カヌーの形状は現在でも充分通用しそうである。操縦席はキャンバスで覆い、兵士が濡れることを防ぐように配慮されていた。（防衛省戦史図書館所蔵資料）

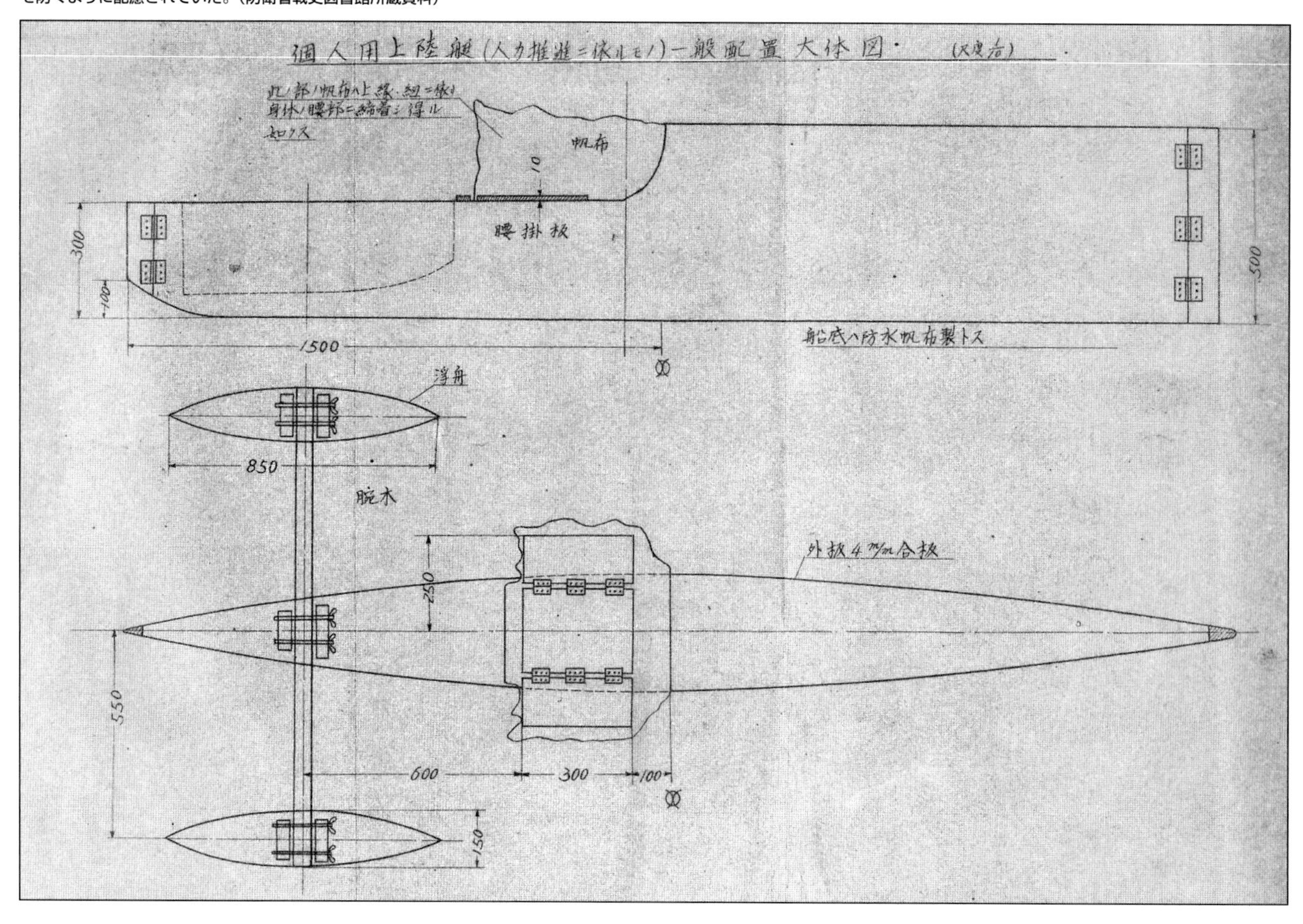

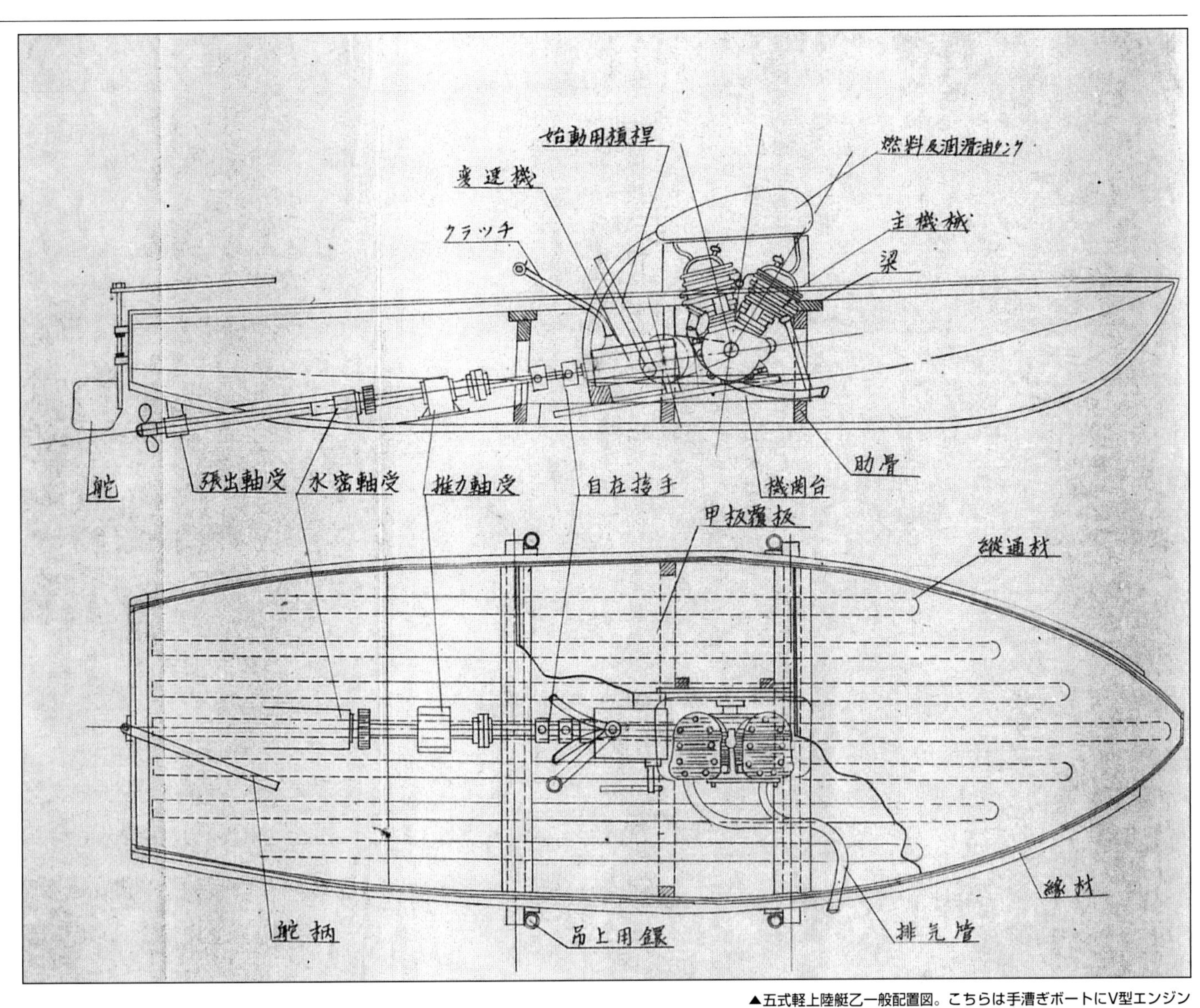

▲五式軽上陸艇乙一般配置図。こちらは手漕ぎボートにV型エンジンを付けたようなシンプルなものであった。
（防衛省戦史図書館所蔵写真）

	五式軽上陸艇甲	五式大軽上陸艇乙	五式小軽上陸艇乙
全長	3m	4m	同左
幅	1.6m	1.25m	同左
深さ	船首0.5m 、船尾0.3m	0.5m	同左
自重	満載状態26kg	270kg	同左
平均吃水	0.13m	0.225m	同左
乗員	武装兵1名	2名	1名
速力	満載状態最大3.6ノット 常用2.5ノット	16ノット	13ノット
主機	なし（人力）	陸王側車用機関	ダイハツ小型自動三輪車用機関
出力	−	12馬力	7馬力

機動艇〔ES艇、SS艇、SB艇〕

昭和12年（1937年）、陸軍運輸部は海上トラックを直接海岸へ達着し、揚陸を行なう研究を開始し、海上トラック五郎丸（300t）の船首両舷に舷梯を付け、着脱試験を行ない、ついで昭和15年8月に、よりひめ丸（500t）の船首にランプゲートを取付けて着脱試験を行なった。

この一連の試験結果に基づいて試作艇を1隻建造することとなり、以下のような要件をまとめ播磨造船所に設計を命じた。

1，九七式中戦車10台を積載すること。
2，海岸傾斜1/20の海岸に当着し上記の車両を揚陸し得ること。
3，外見は一般海上トラックと同じこと。平時は貨物船として使用する。
4，速力は13ノット以上のこと。
5，捲き波3mの海岸に達着可能なこと。

九七式中戦車の徒渉能力は1m余りであるため、歩み板の長さは16m程度が必要と計算されたが、これを船内に収め、また繰り出すため、数種の模型を作って研究が繰り返された。最終的には、船首の門扉を開いて、まず6.4mの第一歩み板を引き出し、折り畳んでいた第二歩み板と第三歩み板をウインチで水平に展開。船尾のトリミングタンクに注水し、船首吃水を1.7m位にすれば傾斜1/20の海岸に九七式中戦車を揚陸できるとされた。

機関は整備と生産が容易な550馬力ディーゼルエンジン2基を新たに設計開発と決定された。

以上を含め、播磨造船所と運輸部共に各種の案を研究したが、最終的に播磨造船所の最後案を採用するに至った。

そして、昭和15年末に1/2縮尺模型を作って検討して最終決定がなされた。歩み板の操作は揚錨機を兼用とし1人で操作できるリモートコントロールとされた。船型は船舶研究所で模型テストを行ない、その結果で決定。そして昭和16年から細部設計、試作の建造を開始するに至った。

昭和17年4月、ついに竣工した機動艇試作1号は蛟龍と命名された。

同年9月、三浦半島の海岸（傾斜1/20、捲き波1.5～2m）で、船舶兵団主幹の下で研究演習が行なわれ、実用に適する用法等を検討し以下の結論に達した。

1，本艇30隻で海上機動兵団、15隻で海上機動旅団を編成する。
2，海上機動兵団は、戦車を主体とする各種兵混合部隊とし、陸上に橋頭堡を確保することを任務とする。
3，本艇1隻には、九七式中戦車4台、自動貨車1台、戦車兵、歩兵、工兵など合計170名を乗船させる。そのために船倉内に寝床、その他居住設備を設ける。
4，達着前航行中に歩兵を乗せた小発動艇を泛水し、本艇より一歩前に上陸させる。また、救命用にも使用する。
5，軽迫撃砲を船首に装備し、上陸前に制圧攻撃を行なう。
6，対空対潜兵器を装備する。
7，歩み板を可能な限り長くする。
8，中戦車は近く20t戦車が主力戦車となるため、これを積載できるように改造する。
9，なお、制空権を失った南方海域で夜暗の内に敵制空権内に進入し、任務を完了し夜明けまでに敵制空権内から離脱するために、30ノットくらいの速力が欲しい。

次に同年12月樺太付近で寒地試験を行なった。

ところが、開発中の20t級戦車（四式中戦車）を載せるには、歩み板どころか船体の幅から広くしなければならず、それでは速力が低下するため全長を長くしなければならず、新たに第二試作を建造、昭和18年7月末に竣工し蟠龍と命名した。この後、この蟠龍を基準として量産がなされることになった。

陸軍ではこれを15隻建造したかったが、各種船艇の建造を行ないつつ機動艇の量産は現状無理であり、陸海軍での協議の結果、海軍の造船計画に入れて建造は海軍が行ない、特殊装備は陸軍が行なうこととなり、18年度に6隻を建造することとなった。

本艇は、戦時標準船におけるE型船に相当するため、ES艇と称されることとなった。建造は藤永田造船所や古部造船所など、また陸軍自体でも九龍造船所や大原造船鉄工所で行なった。民間でも6隻が建造され、19年度は10隻ほどが完成した。

なお昭和17年、速力増加のために三井造船所に2500馬力ディーゼルエンジンの開発を命じた。一方で船型の研究も行なわれたが、戦況上生産できる見通しが付かないこと、ES艇と平行して海軍は相当数の二等輸送艦を建造し、相当数が陸軍用として供給されたため、この計画は昭和19年に中止された。

機動艇 要目

全長	63.020m（蛟龍53m）
幅	9.6m（蛟龍9m）
深さ	4.6m（蛟龍4.5m）
吃水	軽荷2.8m、最大4m（蛟龍平均3.2m）
載荷重量	630t
総トン数	730t（蛟龍641t）
排水量	948t（蛟龍満載850t）
速力	最大13.7ノット、常用12.5ノット（蛟龍最大14ノット、常用13ノット）
機関	単動4サイクル無気噴油ディーゼルエンジン2基（2900回転）
軸馬力	1200馬力（2基合わせて）
航海距離	12.5ノット／2000海里
兵装	八八式7糎半高射砲1門（船首）、150㎜軽迫撃砲1門（船首）、九八式20㎜高射機関砲4門（2門船橋両側、2門船首）、1.7㎜機銃4門（移動式）
積載量	九七式中戦車4台、自動貨車1台、各種兵170名、弾薬1回戦分、糧食3週間分
乗員	40名

▶終戦後しばらくたった昭和22年、佐世保において撮影された機動艇19号艇。本艇の左（画面向かって右）にはもう2隻の機動艇が停泊している（次ページ下写真と併せてご覧いただきたい）。もちろん武装は解除されているが、それ以外の部分はおおかたそのままであり、船首のゲートなどのディテールがよくわかる。
（写真提供／H.P.S）

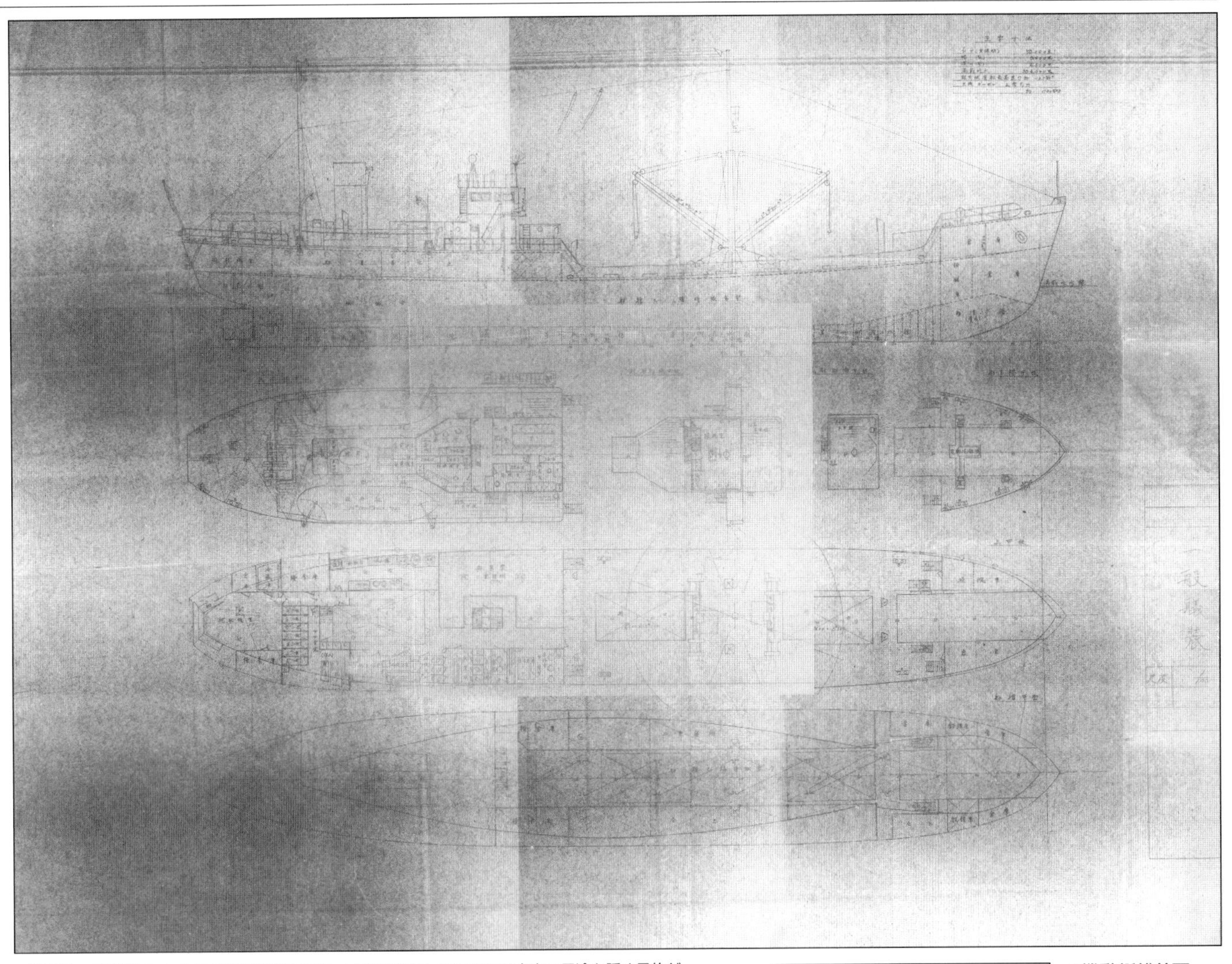

▲機動艇一般配置図。いわゆる陸軍特殊船同様、貨物船型をしているのは本来の用途を隠す目的があったのだろう。船艙甲板平面図を見ると、車両甲板は縦に3つに分けられているようである。（防衛省戦史図書館所蔵写真）

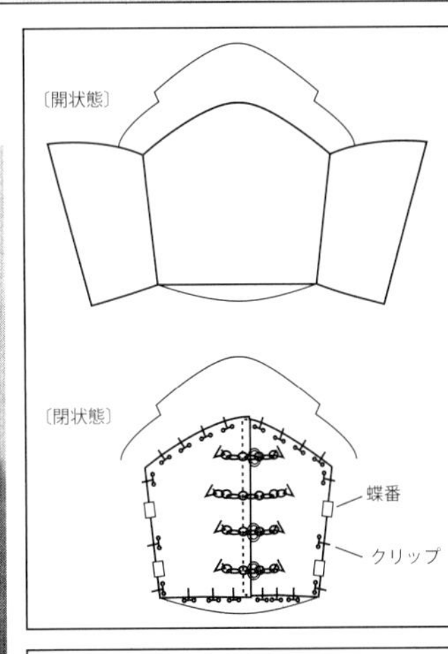

◀機動艇船首扉概念図

機動艇の船首扉はいわゆる観音開きと呼ばれる左右へ開く2枚扉で、クリップやチェーンで固定するようになっていた。

▼歩板展開図

機動艇の歩板は下図のように展開される。まずⓐが前方へせり出し、ついで折り畳まれたⓑⓒを展開していく。

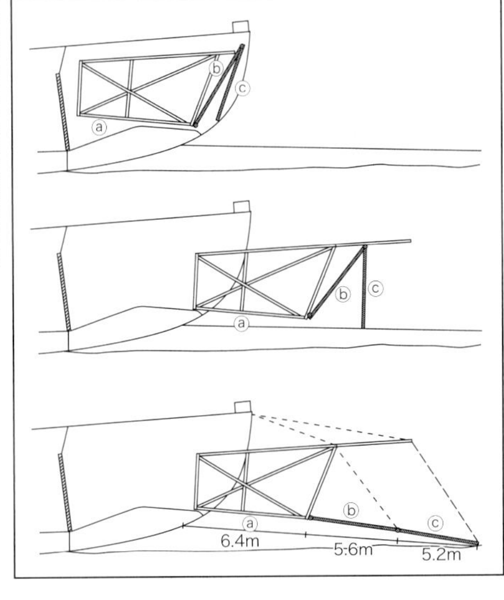

▲前ページ下写真の反対側から撮影された機動艇12号。残念ながら両艇の間に写っている機動艇は何号艇かわからない。12号艇の船首に四角い穴らしきものが見えるが船首扉はどうしたのだろうか？　なお、この12号艇はこの後、改造されて九州郵船の貨物船大衆丸となり、博多－厳原航路に就いた。（写真提供／H.P.S）

特殊船

▲陸軍特殊船の嚆矢ともいうべき神州丸の全容を伝える1葉。船尾と舷側中央部の泛水装置が開放されており、発進訓練か試験を実施中といったところ。その独特な船型は秘匿が困難で、のちの特殊船の設計では大きく改善されることとなった。（防衛省戦史図書館所蔵写真）

上陸作戦用舟艇母船として

昭和7年（1932年）の第一次上海事変で近代的な上陸作戦を体験した日本陸軍は、その戦訓により小発動艇と大発動艇を大量に積載して上陸作戦に参加し、敵前において短時間でこれらを泛水できる船、つまり舟艇母船の建造を始めた。

こうして昭和10年に竣工したのが特殊船「神州丸」で、最大の特徴は大発格納庫となる全通式中甲板を設け、八九式中戦車を積載した大発をコロの上で後方へと移動させ、反転台を介して船尾の開口部から滑らせてデリックなどを用いずに直接泛水させるというもの。また、最上部の端艇甲板には小発を搭載しダビットで、船尾甲板には上陸用舟艇を守る装甲艇や、上陸地点を偵察する高速艇甲を、船首甲板にはやはり大発を積載し、それぞれ重量デリックで泛水させるようになっていた。こうすることで短時間で多数の上陸用舟艇を発進させ、迅速に上陸作戦を遂行するのである。上陸用舟艇を泛水するために編成された泛水隊は、十分な訓練を積んでいれば中甲板に格納する大発全てを40分ほどで泛水することができたと言われる。

この他、上甲板に全通式馬欄甲板を設け、ここに戦闘機12機を搭載し、前方の開口部からカタパルトで射出、上陸部隊の支援を行なうことも考えられており、まさしく、上陸作戦に特化し上陸作戦のために生まれた船であった。

しかし、現代の自動車運搬船（カーフェリー）に似た特異な形状は、その任務を隠すことを困難にするばかりか注目の的になり、陸軍では船名をMTや竜城（りゅうじょう）などと変えたりして機密保持に苦心することとなった。神州丸は中国戦線で行なわれた上陸作戦において、その能力を遺憾なく発揮し活躍した。ただ、せっかく装備したカタパルトは1回搭載機を射出しただけで外してしまった。

陸軍特殊船の増勢

昭和13年になると、神州丸と同等の能力を持つ特殊船を大量に建造し、今後予想される大規模な上陸作戦に備えることになった。しかし、特殊船の大規模な建造は陸軍だけの手に負えるものではなく、陸軍は建造に助成金を出して民間船会社に建造させるという虫のいい考えで日本海運、三井船舶、日本郵船、大阪商船、山下汽船、日産汽船、川崎汽船各社との協議に挑んだが、通常の船舶の建造ならとも

特殊船建造概要一覧表

船名	造船所	船主	トン数		起工	竣工	区分
あきつ丸	播磨造船所	日本海運	10,000トン級	No.333	S15.09	S17.01	丙型
にぎつ丸			10,000トン級	No.335	S17.03	S18.03	丙型
摩耶山丸	三井造船玉野	三井船舶	10,000トン級	No.300	S16.08	S17.12	甲型
玉津丸		大阪商船	10,000トン級	No.314	S17.11	S19.01	甲型
高津丸	浦賀船渠	山下汽船	5,000トン級	No.476	S18.01	S19.01	乙型
吉備津丸	日立因島	日本郵船	10,000トン級	No.1778	S17.06	S18.12	甲型
日向丸		日産汽船	10,000トン級	No.361	S19.03	S19.11	M甲一型
熊野丸		川崎汽船	10,000トン級	No.？	S19.08	S20.03	M丙一型
摂津丸		大阪商船	10,000トン級	No.1779	S19.05	S20.01	M甲二型
ときつ丸			10,000トン級	No.493?	S19.10	未成	M丙二型

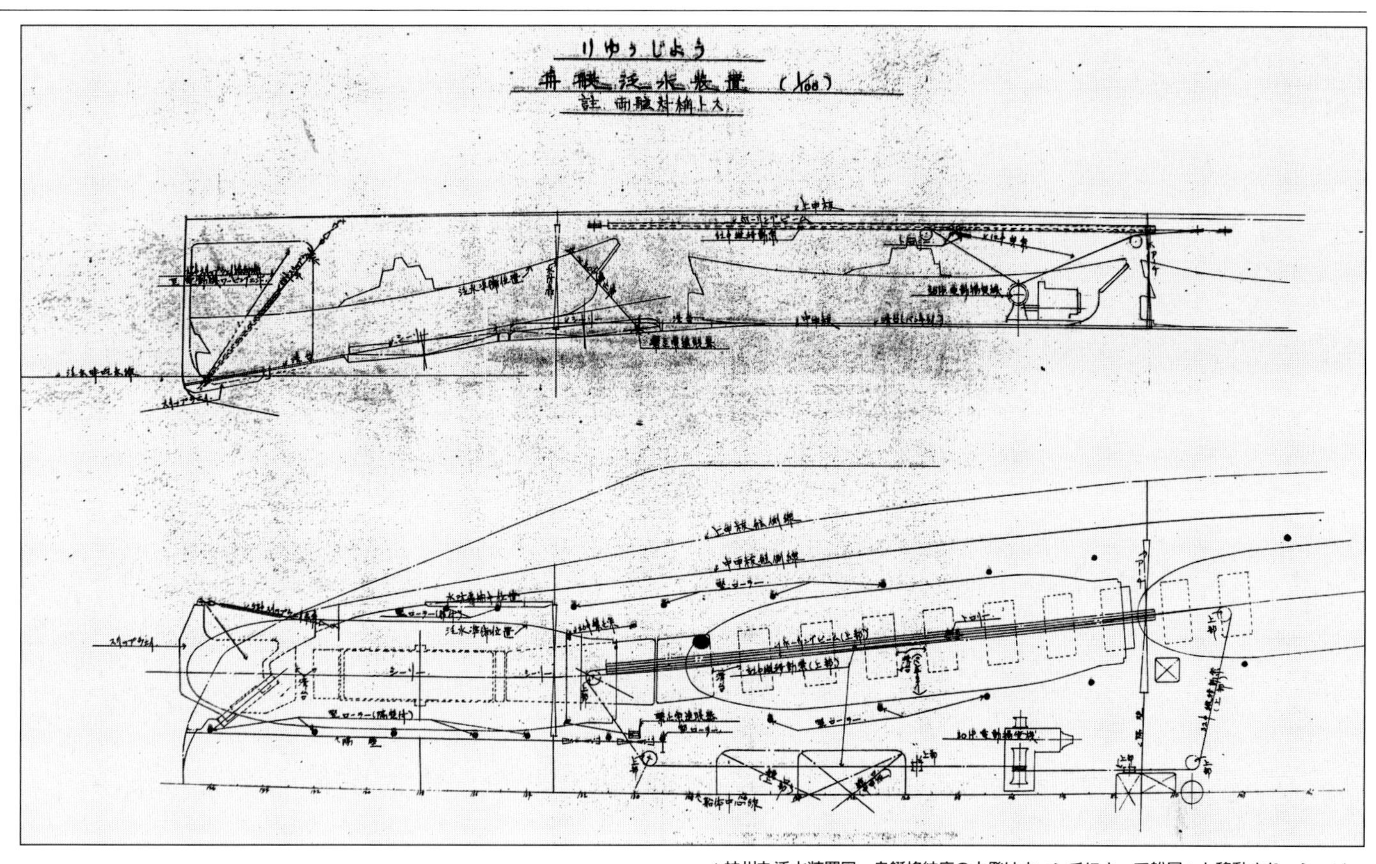

▲神州丸泛水装置図。舟艇格納庫の大発はウィンチによって船尾へと移動され、シーソーによって角度を変えて船尾の泛水口から発進する。図面に書かれた秘匿名「りゅうじょう」に注意。（防衛省戦史図書館所蔵写真）

かく、特殊船のような船ばかりを作ったところで輸送船として使えないうえ、それだけの経済力もなく、陸軍が見積もった師団規模を乗せる隻数をそろえるのは不可能であり、最終的に10隻の特殊船を建造することでまとまったのである。

この時、建造が決まった特殊船には3種類あり、5隻が1万トン級の舟艇母船「甲型」、4隻が同じく1万トン級の舟艇母船で戦時には飛行甲板を設けて飛行機を運用する「丙型」、1隻が5000トン級の舟艇母船「乙型」で、トン数や種類にかかわらず、これら全ては神州丸での反省を踏まえて外見を貨物船に似せ、その任務をわからないように工夫された。

これら特殊船の一番船として建造された丙型「あきつ丸」は、建造中に国際状況が悪化しつつあり、開戦が避けられないことを受け、130mの飛行甲板と開放式格納庫、それを結ぶエレベーターを装着した状態で竣工した。その外見は島型船橋を持った立派な小型空母というべきものであったが、陸軍の考えは搭載機はあくまで上陸作戦の支援であり、発進させたあとは上陸した工兵が作る臨時飛行場に着陸するとして船への降着は念頭になく、ために船尾楼にはデリックマストがそびえ立っていた。また、神州丸の大発格納庫の改正点としてコロをやめて滑り台を設置、ワイヤーで引かれた大発がこの上を滑って船尾へ向かう方式となった。

あきつ丸は竣工直後にジャワ攻略作戦に参加することとなり、慣熟訓練を行ないつつ集結地のカラカム湾へ向かい、船団と合流してジャワ島上陸作戦に従事、メクラ湾に無事別働隊を揚陸させたが、その後舟艇母船を必要とするような上陸作戦が行なわれることはなく、その積載力を買われ輸送船として占領地への物資、兵員輸送に従事することになる。ちなみに、このジャワ上陸作戦には最初に竣工した神

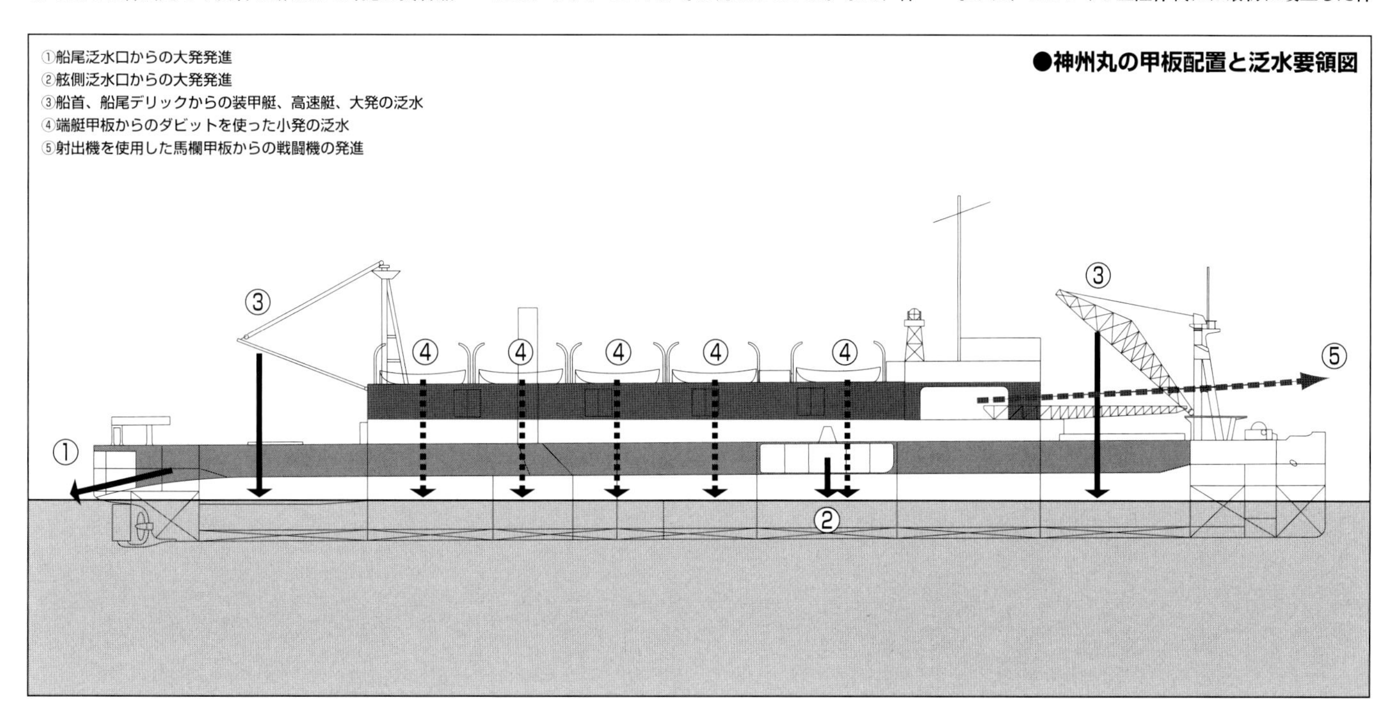

▶船尾扉を開放して大発を泛水する神州丸の船尾を撮影。船尾扉は片側2枚の計4枚で、上方へ放射状に開くのがわかる。

州丸も参加しておりバンタム湾に主力部隊を揚陸させたが、夜にバンタム湾に突入した敵巡洋艦部隊と海軍部隊の間に起こったバンタム沖海戦で、海軍が放った九三式酸素魚雷が命中し、45度傾いた状態で着底してしまった。

戦時標準型特殊船の登場

あきつ丸に続き竣工した舟艇母船たちは、全てが貨物船型で上陸作戦を行なう機会なく輸送船として過ごす日々であった。

さらに大戦中期になると、敵潜水艦による船舶被害が増え、それを補うために造船効率を上げるため、輸送船と油槽船をマスプロ化した戦時標準船が計画された。陸軍の特殊船も戦時標準船に組み入れられることになり、構造はこうした標準船と同様に改められた。これにより建造されたのが特殊船建造概要一覧表のなかで、頭にMが付く4隻である。

M甲一型は、昭和19年2月上旬から18年度建造の甲型「吉備津丸」の改良型として研究に着手され、海軍艦政本部所長へ資料を送付した。その月の下旬には基礎設計を完了させ、3月8日、その基礎設計を元に海軍艦政本部との間で技術的討議が行なわれた結果、同月15日日立造船所（株）因島造船所で起工された。しかし、この時点で設計図の作図が完了しているわけではなく、4月下旬に船殻、5月下旬に主要艤装の設計を完了した。6月中旬には日立造船所（株）桜島造船所にて設計細部の説明が行なわれた。このあたり、通常の建造方式とは順序が逆なのが、陸軍らしいと言えばいいのか。また、建造中の6月中旬から11月上旬まで日立造船所(株)因島造船所に技術的指導が行なわれた。8月5日、M甲一型は無事進水し「日向丸」と命名された。8月中旬、建造中の日向丸は戦訓に基づき兵装の一部を変更された。これは対潜兵装強化だと思われる。二式中迫撃砲が船首尾に各1門ずつ配備された。11月1日、公試試験が行なわれ甲型吉備津丸と同一の性能を有することが確認され、最終艤装が終わった15日に竣工し日産汽船へ引き渡されたのである。

甲型吉備津丸との主な違いは

・中甲板舟艇格納庫の高さを増大。
・船尾工事の簡易化し、船尾扉の重量軽減が図られ

特殊船神州丸

陸軍初の特殊船となった神州丸は以後の標準となる中甲板舟艇格納庫と船尾泛水装置の運用を確立したが、航空機運用能力は受け継がれることはなかった。この特異な船型により、機密保持に苦労したという。

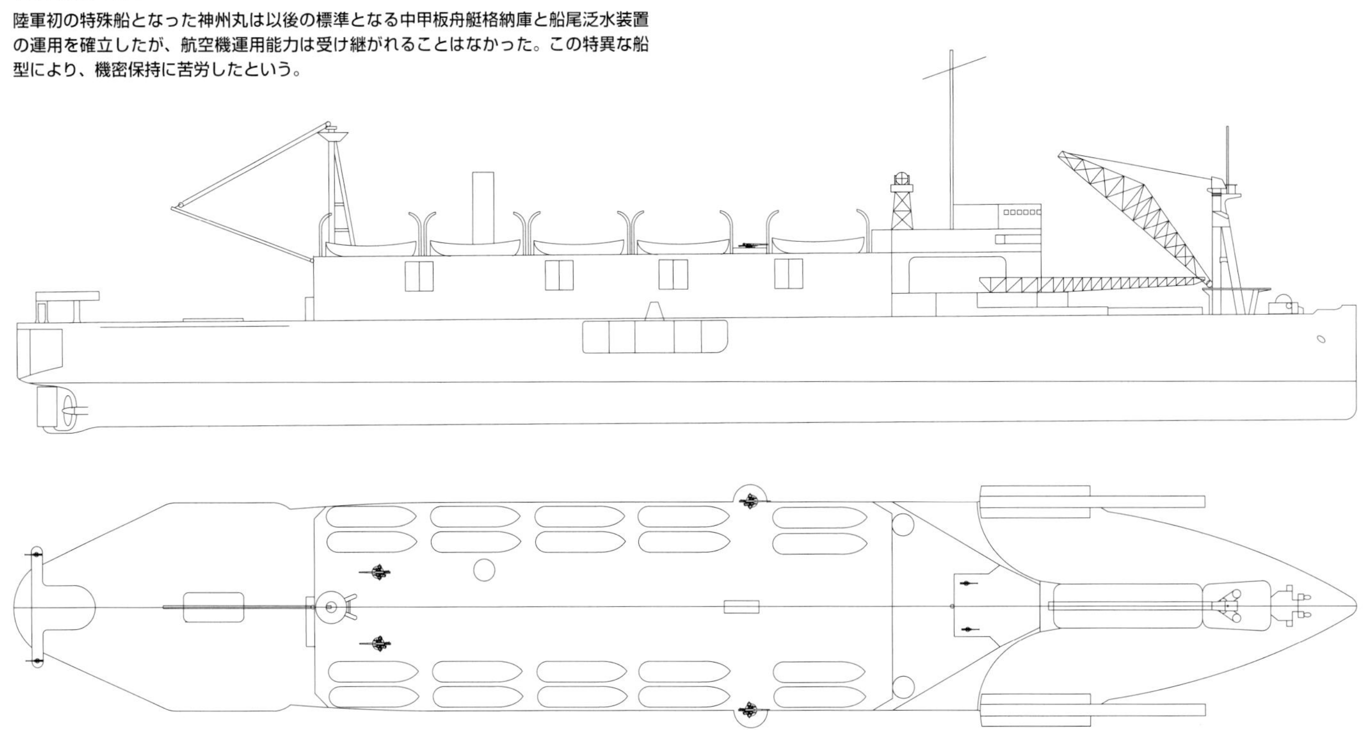

特殊船搭載正分表

		あきつ丸	にぎつ丸	摩耶山丸	玉津丸	高津丸
特大発	中甲板		12		15	
	上甲板		10			
大　発	中甲板	27		21		9
	上甲板		6	14	20	
小　発	中甲板			6	6	2
	上甲板					
固有乗員		385	385	385	385	270
乗船部隊		26	780	1715	1715	684
装甲艇				3		
自動貨車					12	
砲　員				20		10
馬　匹				200	150	54

※上甲板の大発は戦車積載のものと空船のものの合計。

た。
・対潜兵装の強化。新たに開発された二式中迫撃砲を２門搭載。しかし、対空兵装は高射砲、高射機関砲とも各２門減らしている。

Ｍ甲二型は、昭和19年2月上旬に研究に着手し、4月下旬に基礎設計を完了し、海軍艦政本部との技術的討議の後、5月5日に日立造船所（株）因島造船所で起工された。しかし、またもや設計は完了しておらず6月下旬まで船殻設計がかかっている。建造中の6月中旬から昭和20年1月中旬の間、日立造船所（株）因島造船所へ技術指導が行なわれている。10月18日、Ｍ甲二型は無事進水し「摂津丸」と命名された。建造中に、戦訓に基づき兵装の一部変更が行なわれ、12月下旬から昭和20年1月中旬まで公試運転が行なわれ、15日竣工し大阪商船（株）に引き渡された。

Ｍ丙一型は、昭和19年2月上旬から研究が始まり、その結果主機を戦時標準船2TH用のものとすることが決定した。3月8日には海軍艦政本部に設計の細部を説明し技術的討議が行なわれた。6月中旬日立造船所（株）桜島造船所で設計の細部を説明が行なわれ、下旬に基礎設計が完了した。終戦の1年前の昭和19年8月15日、日立造船所（株）因島造船所で起工。下旬には主要艤装の設計が完了した。建造中の6月中旬から昭和20年3月中旬の間、日立造船所（株）因島造船所へ技術指導が行なわれた。昭和20年1月28日、Ｍ丙一型は進水し「熊野丸」と命名された。その艤装中の3月19日、敵艦載機による空襲を受け多数の機銃弾やロケット弾を受けてしまったが撃沈までには至らず、修理と艤装を同時に行ない26日から29日に公試運転が実施され、31日に竣工し川崎汽船（株）へ引き渡されたのだが、使用見込みがなく広島宇品の沖にある金輪島と広島市鯛尾の間の狭い水道に繋留されたままとなり、その後、幾度か空襲を受けるが目立った被害もなく、船舶砲兵による訓練も行なわれたものの、出撃することなく終戦を迎えた。

これらの特殊船の他、陸軍は自らの徴用船を敵潜水艦から守るため、また海軍の空母が少なく船団の対潜哨戒に限りがあるため、神州丸や丙型あきつ丸を対潜空母へ改造し船団を守ろうとした。これについては、第3章、対潜空母の項で説明する。

なお、神州丸、あきつ丸の計画建造については既刊『日本陸軍の航空母艦』を参照されたい。

特殊船諸元

	神州丸	甲型	乙型	丙型	M型甲一型	M型甲二型	M型丙一型
全長	144m	152m	122.25m	152.1m	143.28m	143.28m	142m
幅	22m	19.5m	11.4m	19.5m	19.5m	19.5m	19.577m
深さ	10.8m	11.5m	12m	11.5m	12m	12m	12m
吃水	5.55m	7.8m	8.17m	7.8m	8.21m	8.21m	6.95m
総トン数	8076t	9000t	5350t	9200t	9678.04t	9670.92t	9502.21t
ボイラー					水管式空気熱器及び蒸気加熱重油専焼缶4基、船用筒型焼式1基	改21号水管式重油専焼缶3基	改21号水管式重油専焼缶3基、船用筒型焼式1基
主機形式	タービン	タービン（ディーゼル）	タービン	タービン	衝動式複気筒クロスコンパウンドタービン	減速装置付き甲50型一号タービン	減速装置付き甲50型一号タービン
主機台数	1	2	2	2	2	2	2
馬力	7500馬力	1万2000馬力	4400馬力	1万2000馬力	1万3000馬力	1万馬力	1万馬力
最大速力	20ノット	21ノット	17.5ノット	21.7ノット	20.4ノット	19.5ノット	20ノット
巡航速力	14ノット	17ノット	15.5ノット	17ノット			
航続距離	7000浬	1万浬	1万浬	1万浬	7000浬	7000浬	6000浬
燃料	重油1000t	重油1200t	重油450t 石炭816t	重油1350t			
荷役装置							
10tデリック	2	8	4				
15tデリック		4	6t4				
20tデリック		6		8			
25tデリック	2	9	2	1			
30tデリック		2		1			
搭載機	戦闘機13	―	―	九二式戦闘機	―	―	三式連絡機

上陸用船艇

丙型特殊船 あきつ丸

丙型特殊船は航空機運用も考慮されて設計されたもので、あきつ丸は唯一格納庫と飛行甲板を付けて完成した。船橋と煙突は空母同様に右に寄せて設けられていたが、飛行機は発船だけで着船させる構想ではなく、船尾にはデリックマストが建てられていた。

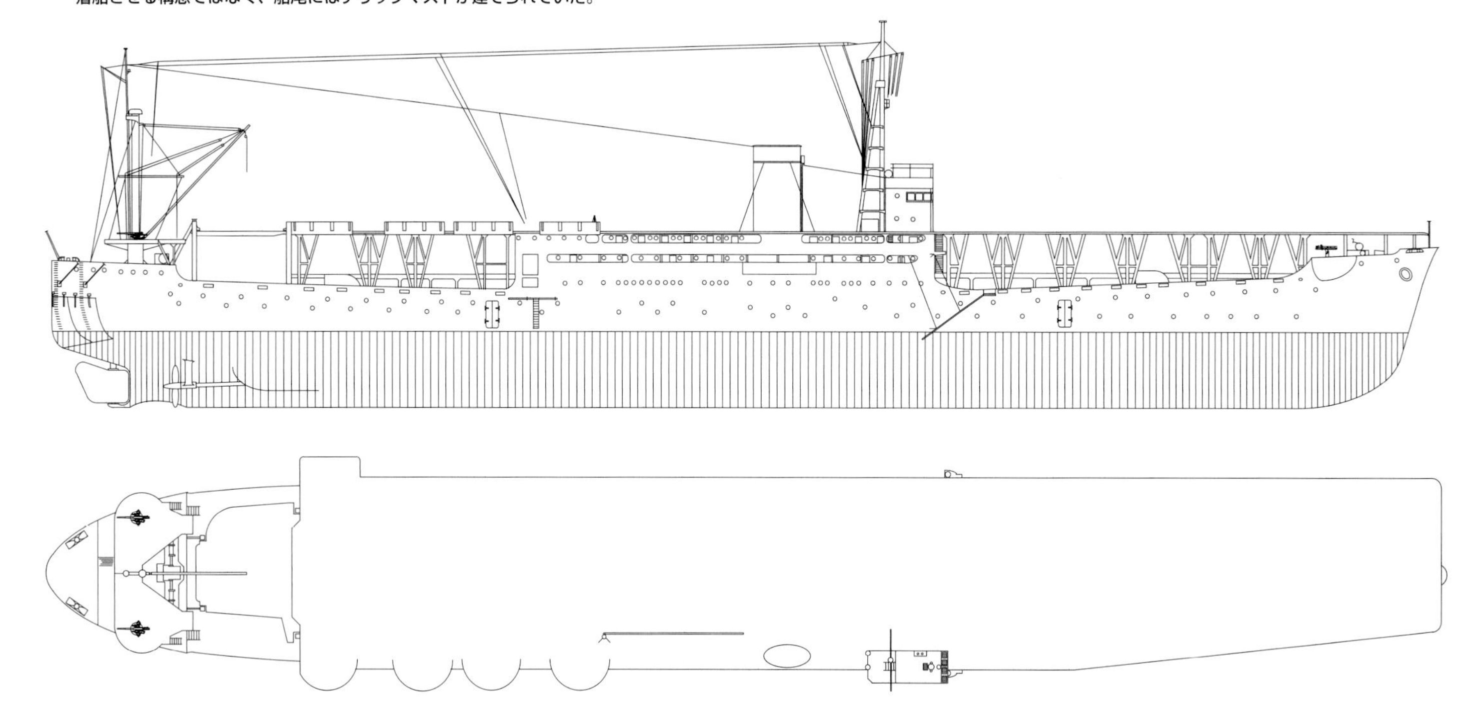

あきつ丸船首尾楼甲板

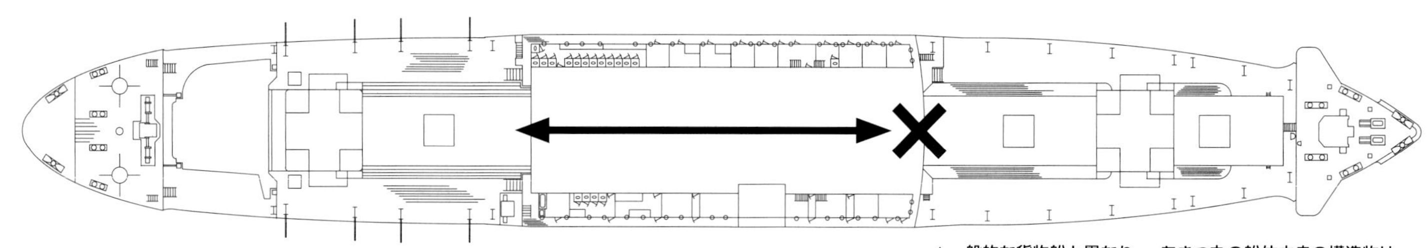

▲一般的な貨物船と異なり、 あきつ丸の船体中央の構造物はトンネル状になっていたが、前部には隔壁があり、それ以上前へ搭載機を移動することができなかった。

▼あきつ丸舟艇格納庫図。中甲板には4列びっしりと大発を搭載できるが、煙路のある右舷中央部（矢印の部分）には搭載できないため1隻減り、搭載数が27隻となっているのに注意。搭載されている大発は、まず中心の2列が泛水されたあと、左右外側の大発が中央に寄せられて泛水するしくみである。

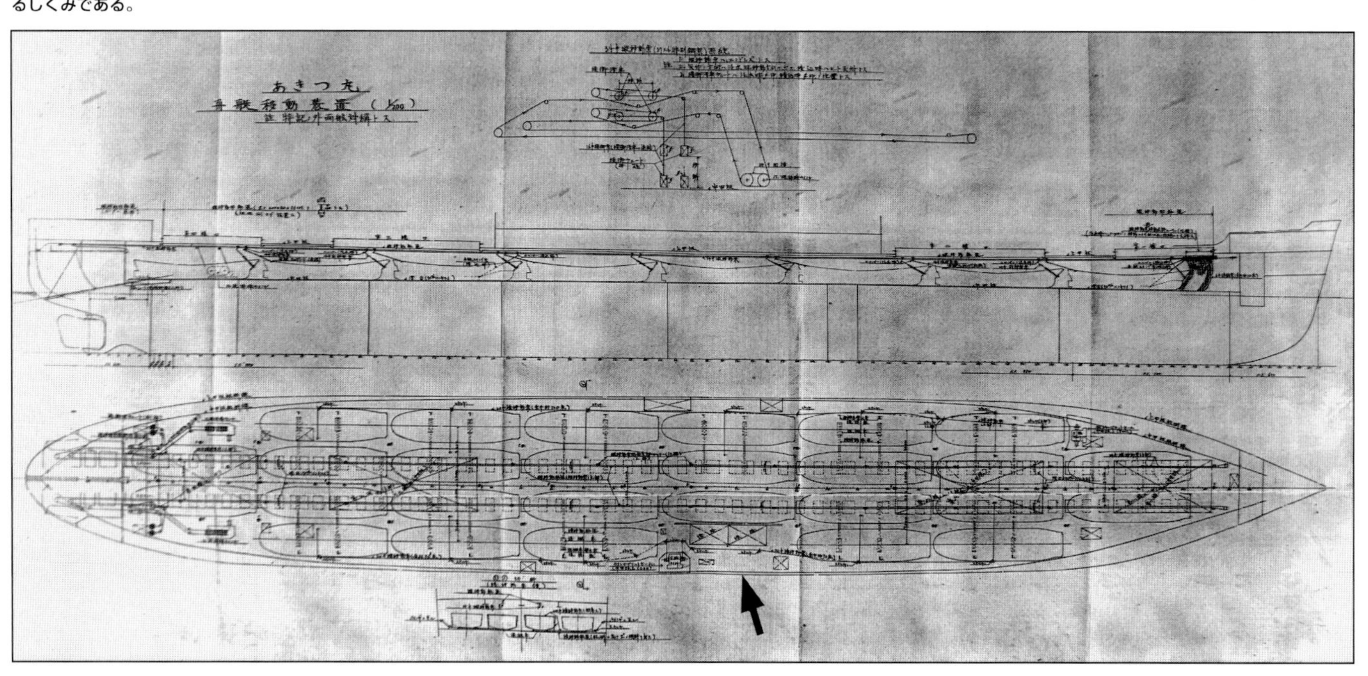

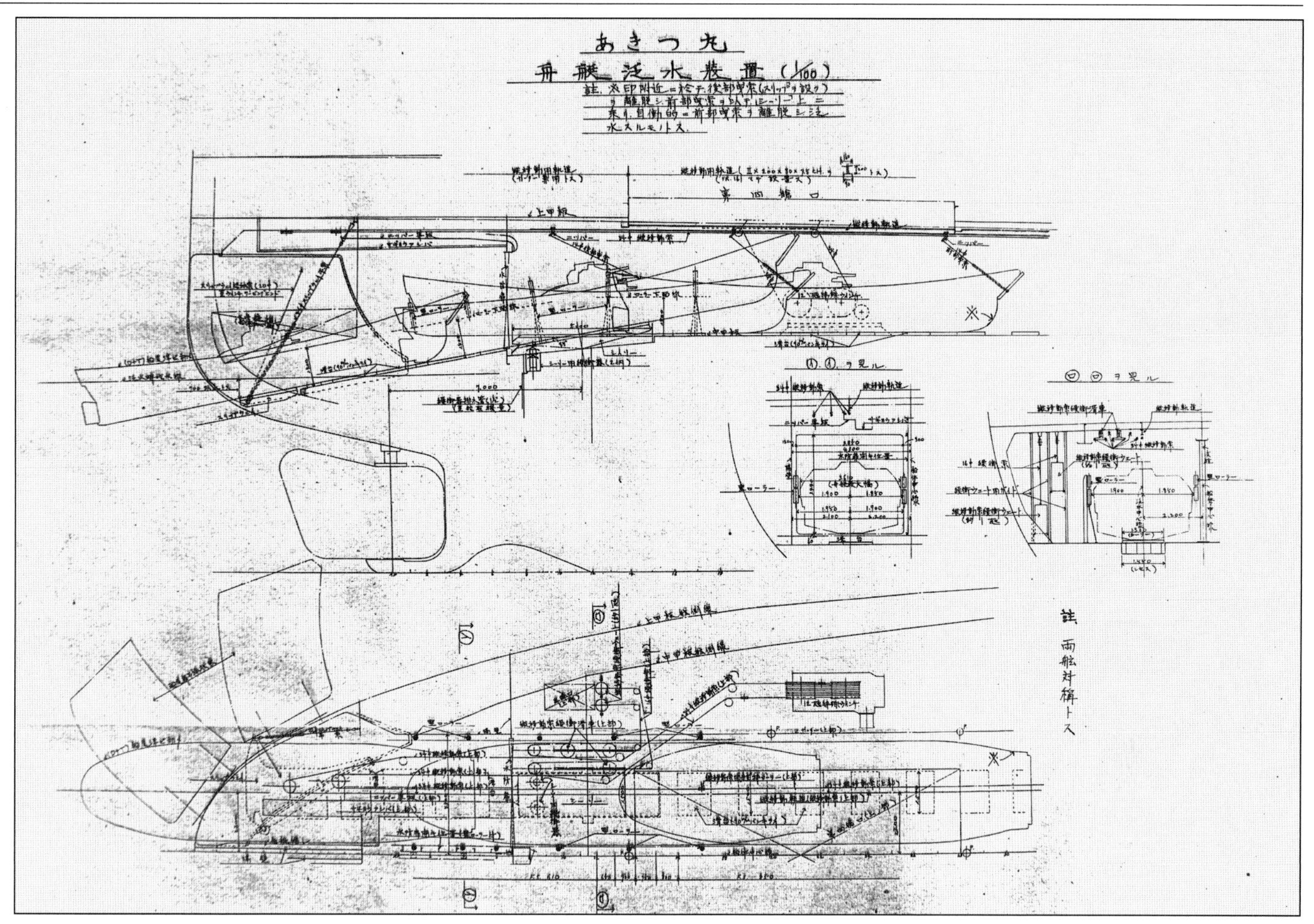

▲あきつ丸泛水装置図。船尾の泛水装置は基本的に神州丸の進化形で、それほど変わったものではない。ウインチで大発を移動させ、シーソーで角度を変えて泛水口から発進させる。

▼昭和17年、ラバウルへ物資輸送の際、偵察にきたアメリカ陸軍のB-17爆撃機により撮影されたあきつ丸。飛行甲板には三色迷彩が施され、多数の対空火器が設置されている。船尾付近には大発が繋留されている。

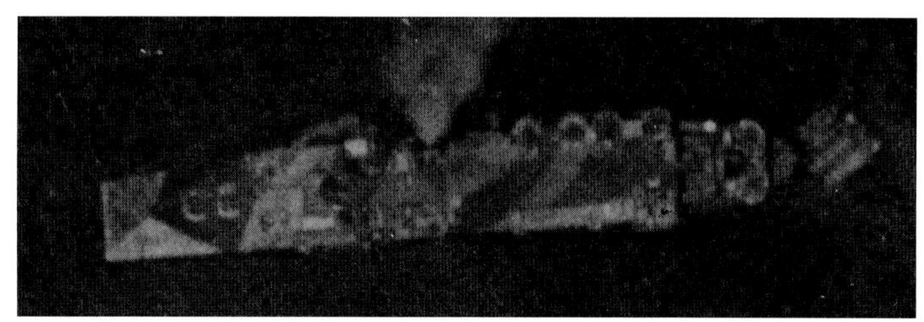

▼乙型特殊船 高津丸第二甲板（格納庫甲板）図。高津丸は乙型特殊船と分類される5000トン級の舟艇母船で、総トン数が従来の甲型、丙型の約半分になったが、船体はそれ以上に小さくなって、格納庫甲板も船首まですべてというわけにはいかず、格納庫への搭載舟艇数は1/3となった。図はそれを示したもので、中央列に大発5隻、左右列に4隻の計9隻を搭載し、最後部の左右に小発を2隻搭載するようになっている。（防衛省戦史図書館所蔵資料）

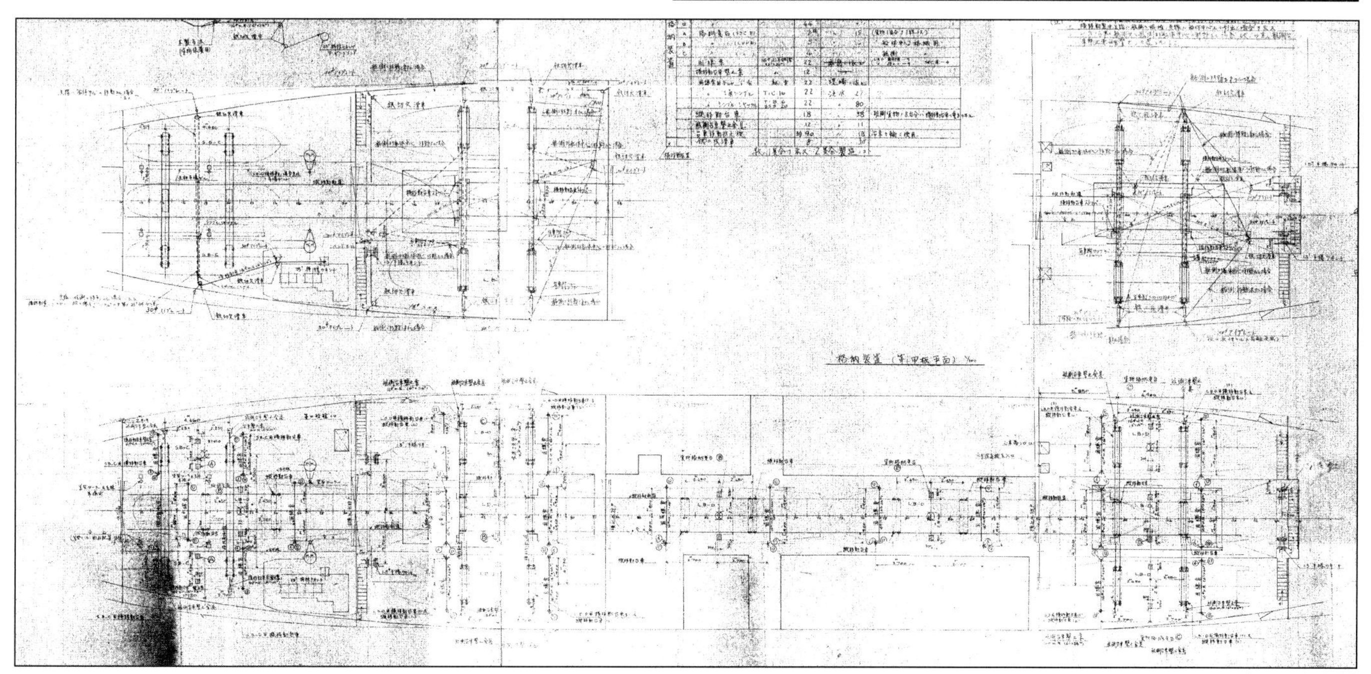

▲甲型特殊船吉備津丸。新型特殊船は神州丸での反省からその任務を秘匿するために貨物船型にされた。甲型は舟艇母船で、上陸用舟艇のみを搭載する型式である。やはり中甲板には舟艇格納庫を持っており、上甲板にも大発を搭載する。

▼戦時標準船に組み込まれた陸軍特殊船は、構造を簡素化し短期間で竣工できるように設計されたもので、事実、第一船の「日向丸」は9ヶ月という短期間で竣工した。(防衛省戦史図書館所蔵資料)

M 甲一型特殊船一般配置図

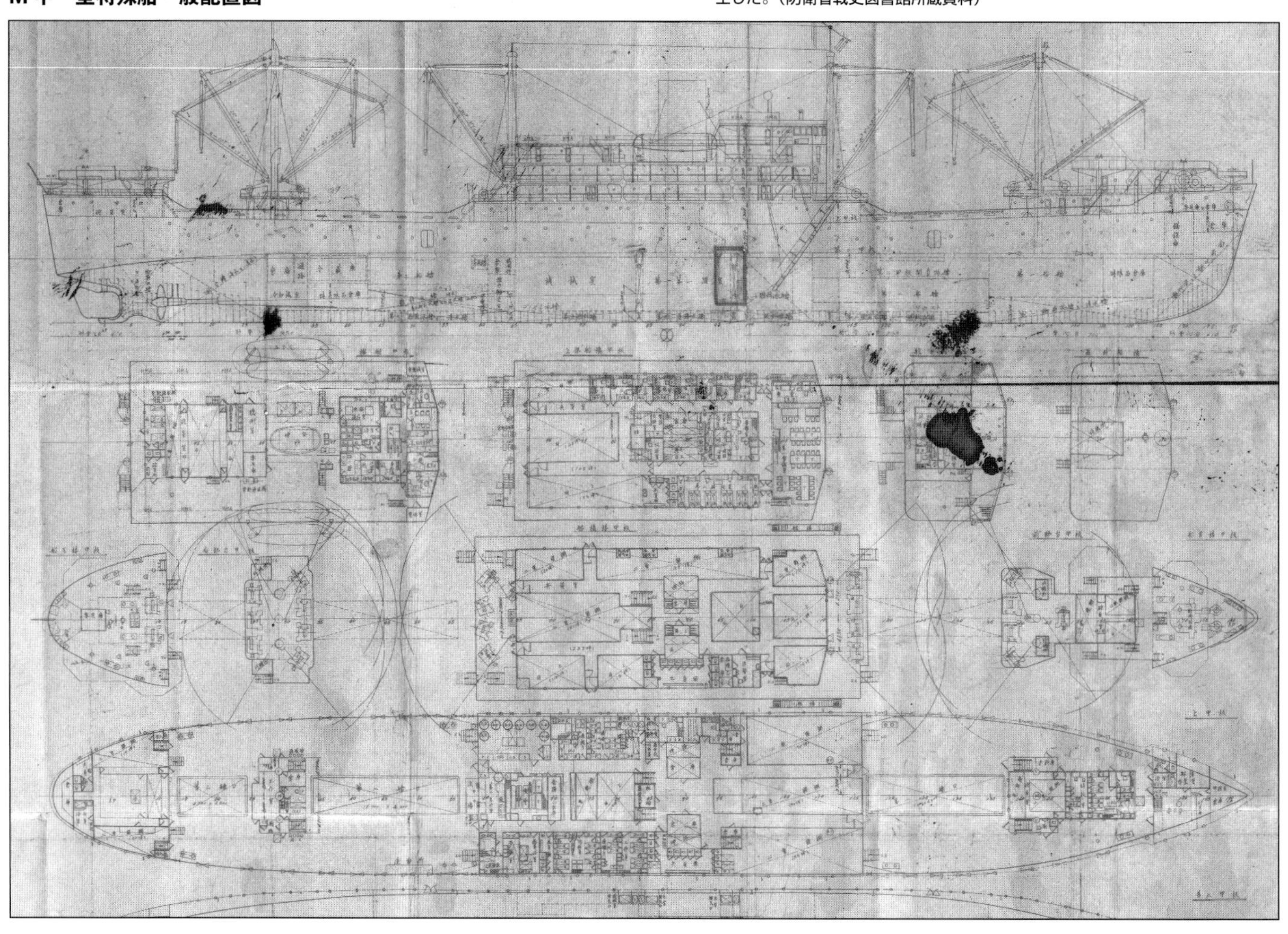

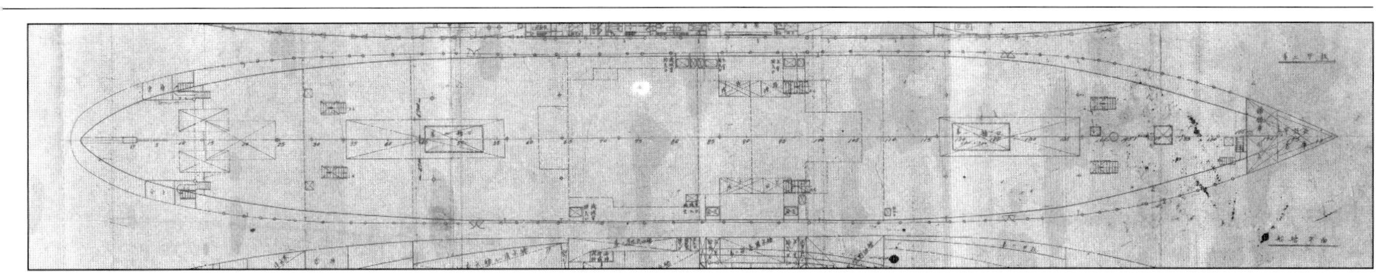

▲前ページ下から続くM甲一型特殊船の甲板図面で、上のものがちょうど中甲板を表したもの。一般的な貨物船とは違って船艙が区分けされておらず、大発搭載用に仕切り板ひとつない状態が読みとれる。
(防衛省戦史図書館所蔵資料)

▼M甲一型特殊船舟艇搭載図。中甲板の舟艇格納庫は、中側2列に特大発、外側2列に大発を搭載する。上甲板には大発を16隻搭載できるが、空船状態である（中甲板のものは戦車を搭載したまま搭載可能）。
(防衛省戦史図書館所蔵資料)

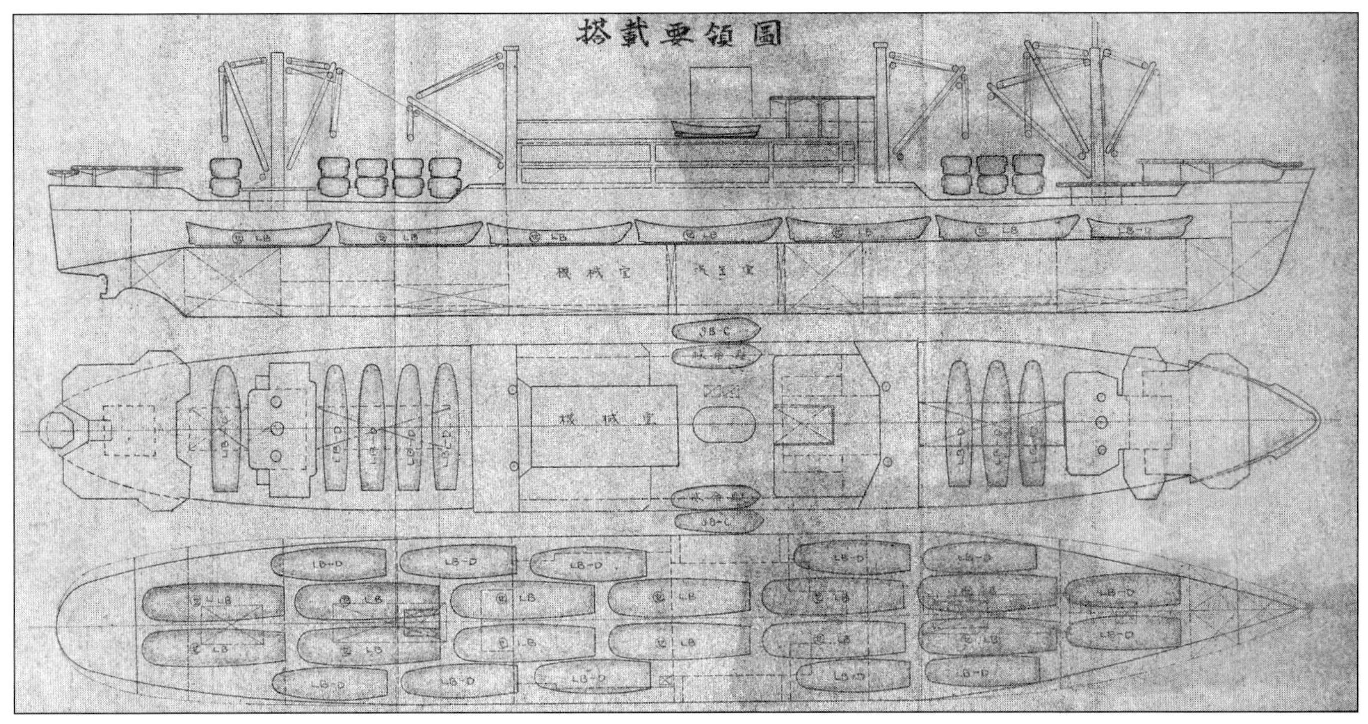

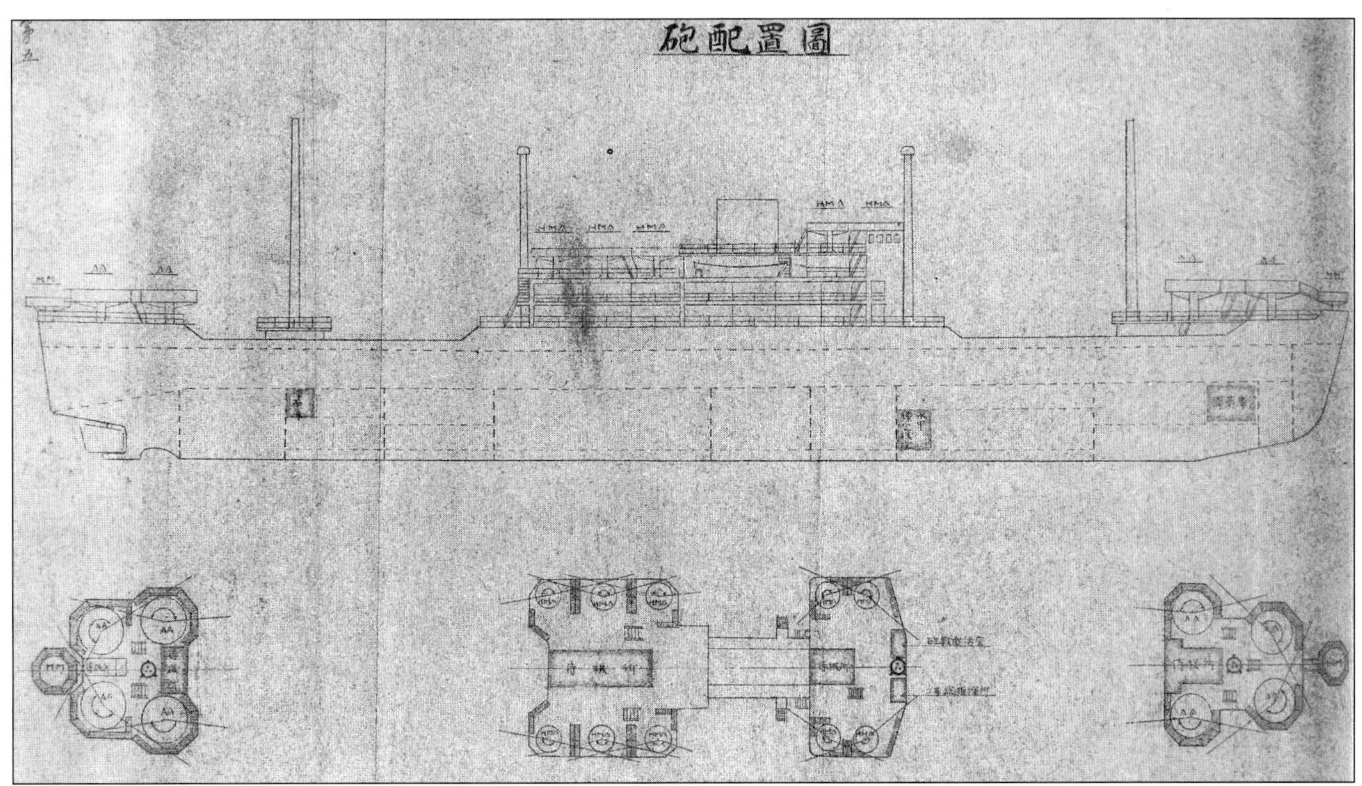

▲M甲一型特殊船砲配置図。船首尾には高射砲4門と、対潜兵器である二式中迫撃砲1門を、中央構造物には高射機関銃を10門配置するという、かなりの重武装である。(防衛省戦史図書館所蔵資料)

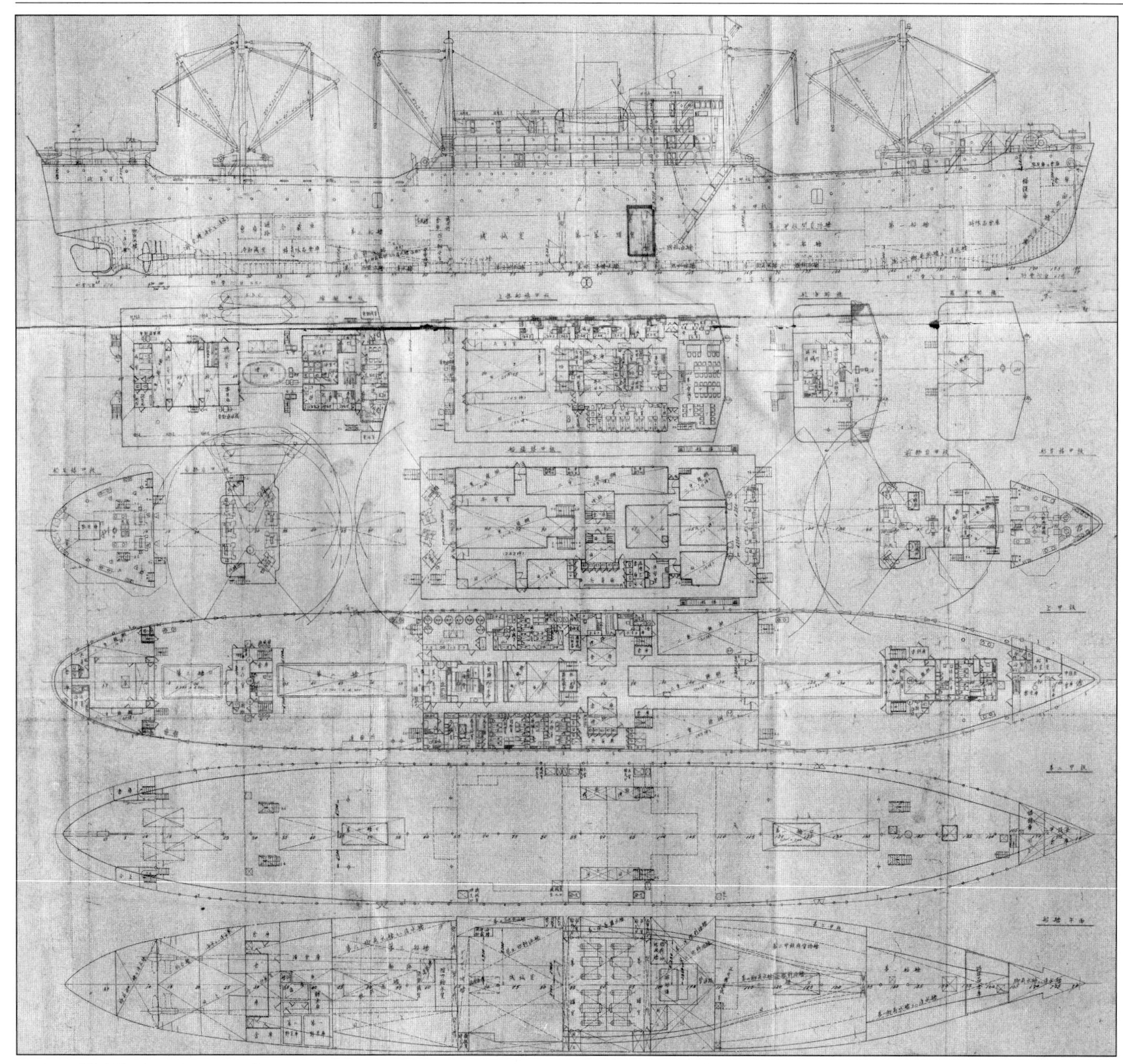

▲M甲二型特殊船一般配置図。M甲一型の図面と見比べてもほぼ同型で違いがよくわからないが、二型とされている。このM甲二型も９ヶ月で完成し、摂津丸と命名された。（防衛省戦史図書館所蔵写真）

▶昭和19年10月21日、レイテ島タクロバンとドラッグに米軍が上陸。我が陸軍はレイテ島に増援を送るために、多号作戦を発動した。乙型特殊船高津丸は第四次輸送作戦に編入され、香椎丸、金華丸と共に第二十六師団の主力一万人とその物資を積載し、11月10日にマニラを出港したが、11時40分 に30機 のB25と、32機 のP38の 来襲を受け、奮戦むなしく撃沈されてしまった。写真はその高津丸の姿を捉えたもの（アメリカ国立公文書館所蔵写真）

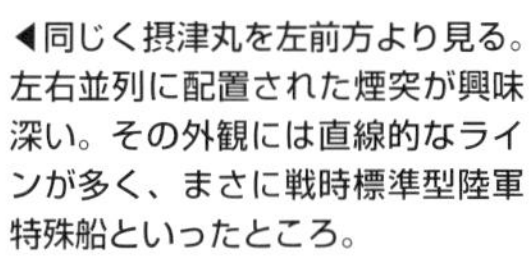
◀同じく摂津丸を左前方より見る。左右並列に配置された煙突が興味深い。その外観には直線的なラインが多く、まさに戦時標準型陸軍特殊船といったところ。

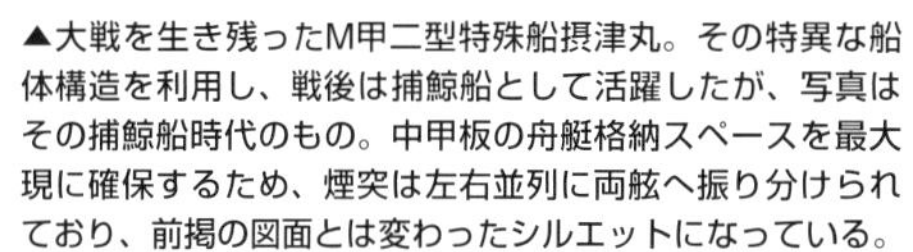
▲大戦を生き残ったM甲二型特殊船摂津丸。その特異な船体構造を利用し、戦後は捕鯨船として活躍したが、写真はその捕鯨船時代のもの。中甲板の舟艇格納スペースを最大現に確保するため、煙突は左右並列に両舷へ振り分けられており、前掲の図面とは変わったシルエットになっている。

▶▼M丙二型特殊船ときつ丸は、その分類が示すとおり熊野丸と同じような航空機搭載特殊船（対潜空母）となるはずだったが、大戦末期に完成見込みがなくなり建造中止とされ、戦後、設計変更ののち写真のような貨物船として竣工した。やはり戦時標準型船舶らしく、直線的なデザインの船型だ。

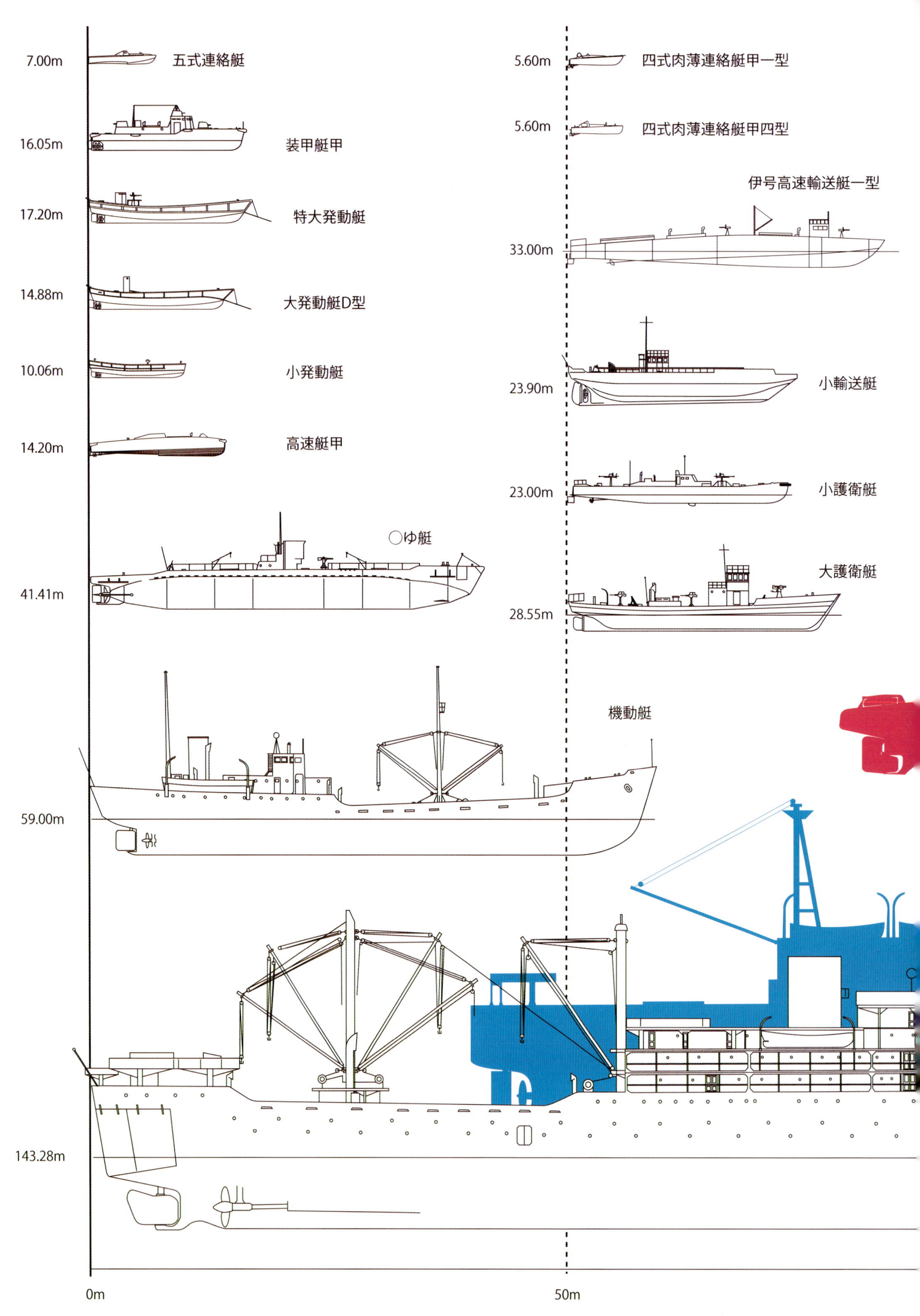
7.00m
五式連絡艇
5.60m
四式肉薄連絡艇甲一型
16.05m
装甲艇甲
5.60m
四式肉薄連絡艇甲四型
伊号高速輸送艇一型
17.20m
特大発動艇
33.00m
14.88m
大発動艇D型
10.06m
小発動艇
23.90m
小輸送艇
14.20m
高速艇甲
23.00m
小護衛艇
○ゆ艇
大護衛艇
41.41m
28.55m
機動艇
59.00m
143.28m
0m
50m

陸軍船艇比較図その壱

すでによく知れ渡っている日本海軍の艦艇とは異なり、陸軍船艇の大きさには今いちピンとこないものがある。ここでは主なものを同一縮尺で並べ、理解を深める一助としたい。

〔1/500 スケール〕

これまでにも各項で述べているように、日本陸軍が大小舟艇を保有するようになったのは、上陸作戦での機先を制し、輸送手段をも確保して、陸上戦闘をより有利に運ぶためであった。大発動艇や小発動艇、それを守る装甲艇や高速艇の開発はそのもっとも原始的端緒といえるが、それはやがてこうした舟艇群を上陸作戦実施海域まで運び、短時間で一気に泛水させるべく建造された特殊船と呼ばれる大型船に結びついていく。

その嚆矢となった神州丸は舟艇を搭載するだけでなく、航空機運用能力を盛り込まれていたが、およそ140m～150mという全長がこれら特殊船のスタンダードなサイズとなっていった。戦時標準船の規格を用いたM甲一型船もほぼ同サイズである。

そこから考えるとおよそ半分弱の全長となる機動艇は敵前での物資輸送をもくろんだものだが、やはり陸軍という組織が保有するには大きなサイズの船であったと評することができるだろう。

続いて目につくのは昭和17年8月に生起したガダルカナル島攻防戦での戦訓を受けて開発された伊号高速輸送艇や小輸送艇、これらを護衛するために建造された小護衛艇、大護衛艇の存在だろう。これらは舟艇機動と呼ばれる島伝いでの輸送手段として多いに期待されたものだった。

同じくガダルカナル島での戦訓から急遽建造されたのが「◯ゆ」艇と呼ばれる陸軍潜水艦(正式には潜航輸送艇)だ。これは海軍の伊号潜水艦によって行なわれていた作戦輸送を肩代わりするために計画されたもので、建造容易な設計とされていたが、参考までに同縮尺の乙型伊号潜水艦のシルエットを掲載する。その差は一目瞭然だ。

これらを踏まえて大戦末期に登場した四式肉薄連絡艇、通称「◯レ」艇などを見ると、逆にこのサイズのボートで特殊船クラスの大型艦船の撃沈を図ることの無理さ加減がふつふつと伝わってくる。

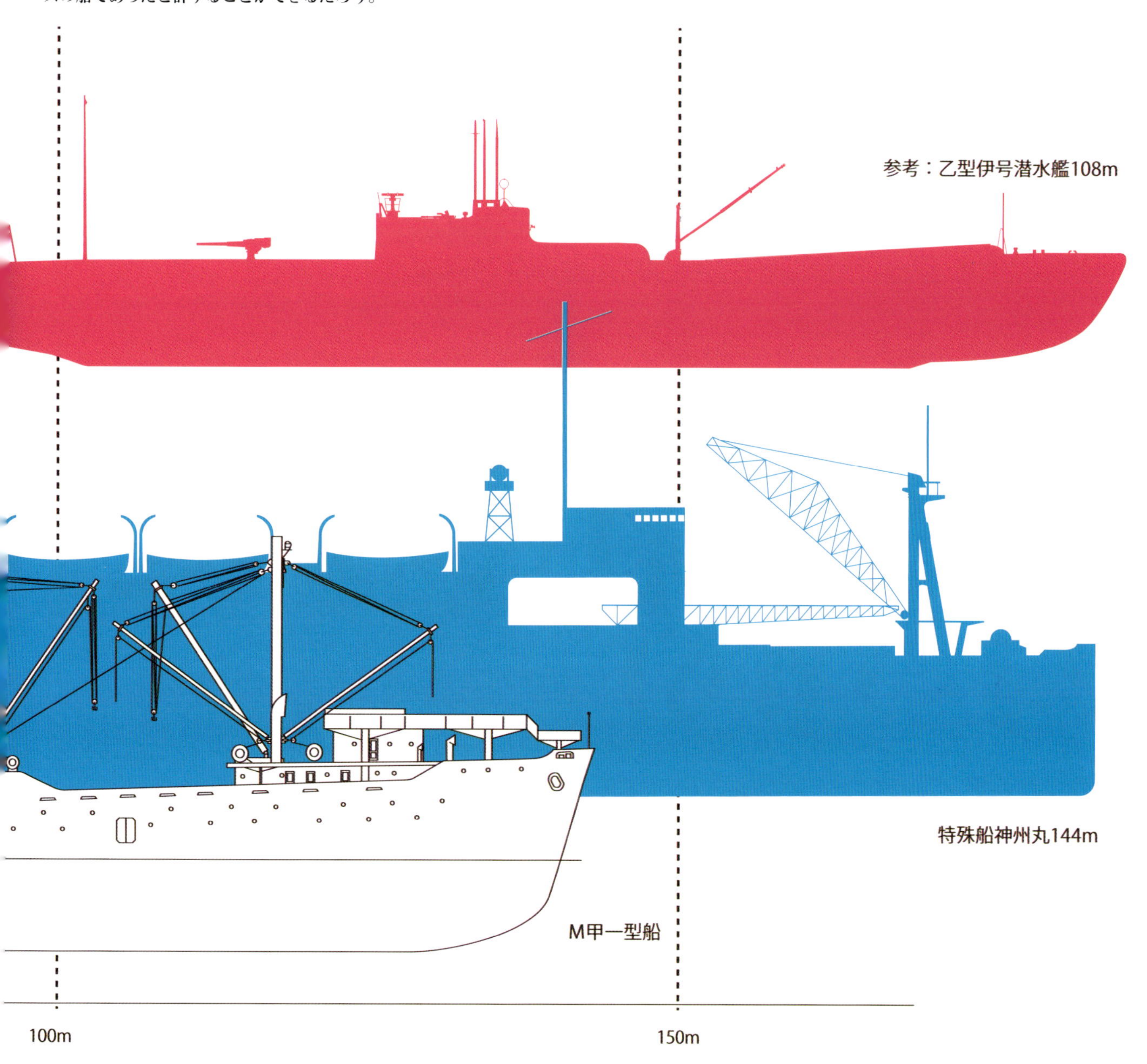

陸軍船艇比較図その弐

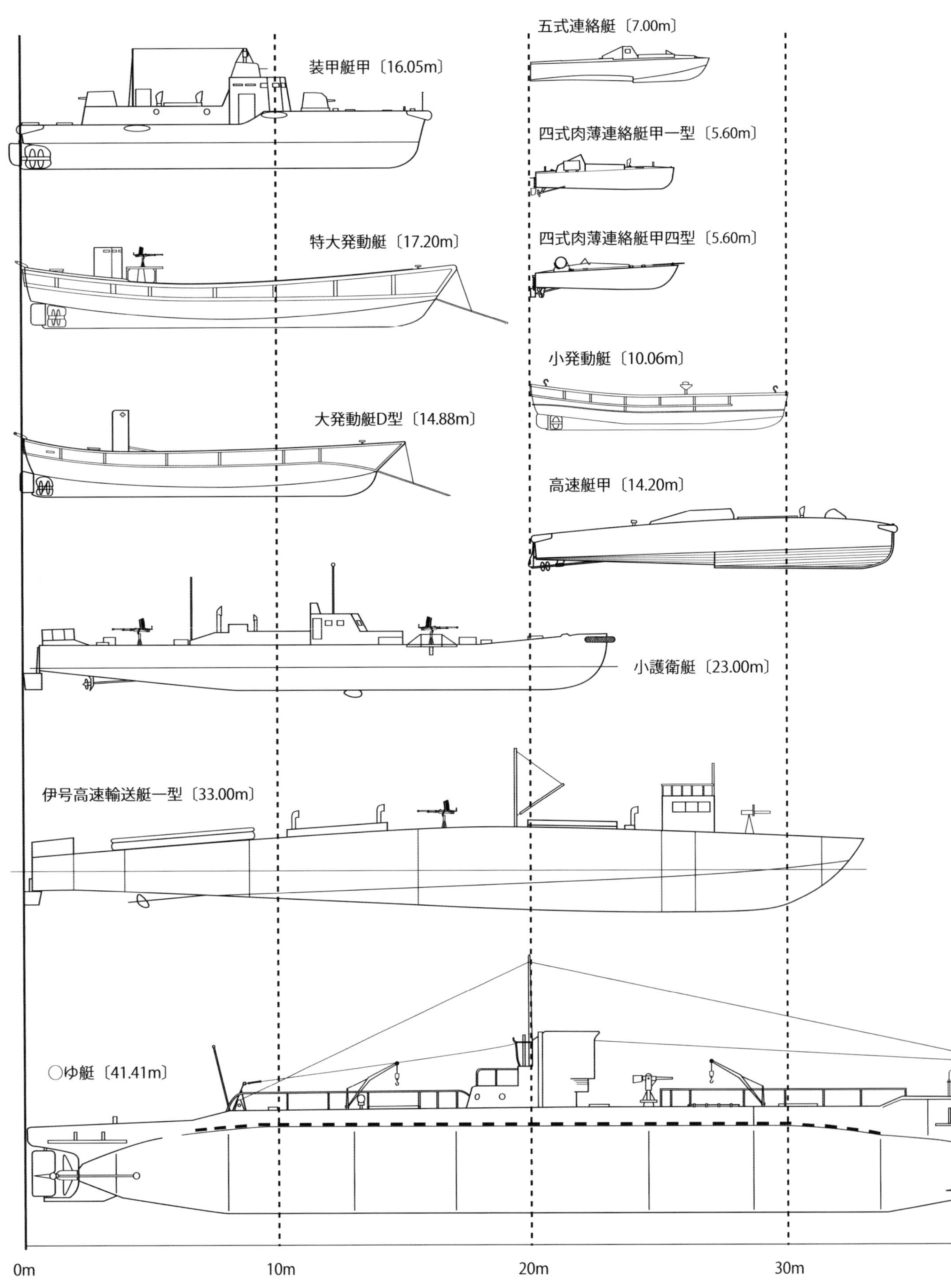
五式連絡艇〔7.00m〕
装甲艇甲〔16.05m〕
四式肉薄連絡艇甲一型〔5.60m〕
特大発動艇〔17.20m〕
四式肉薄連絡艇甲四型〔5.60m〕
小発動艇〔10.06m〕
大発動艇D型〔14.88m〕
高速艇甲〔14.20m〕
小護衛艇〔23.00m〕
伊号高速輸送艇一型〔33.00m〕
○ゆ艇〔41.41m〕
0m
10m
20m
30m

〔1/200 スケール〕

ここではちょうどP.54に掲載している小舟艇の部分にスポットを当てて大きさの比較をしてみる。陸軍舟艇としてはこのあたりがオーソドックスなサイズと言えるだろう。

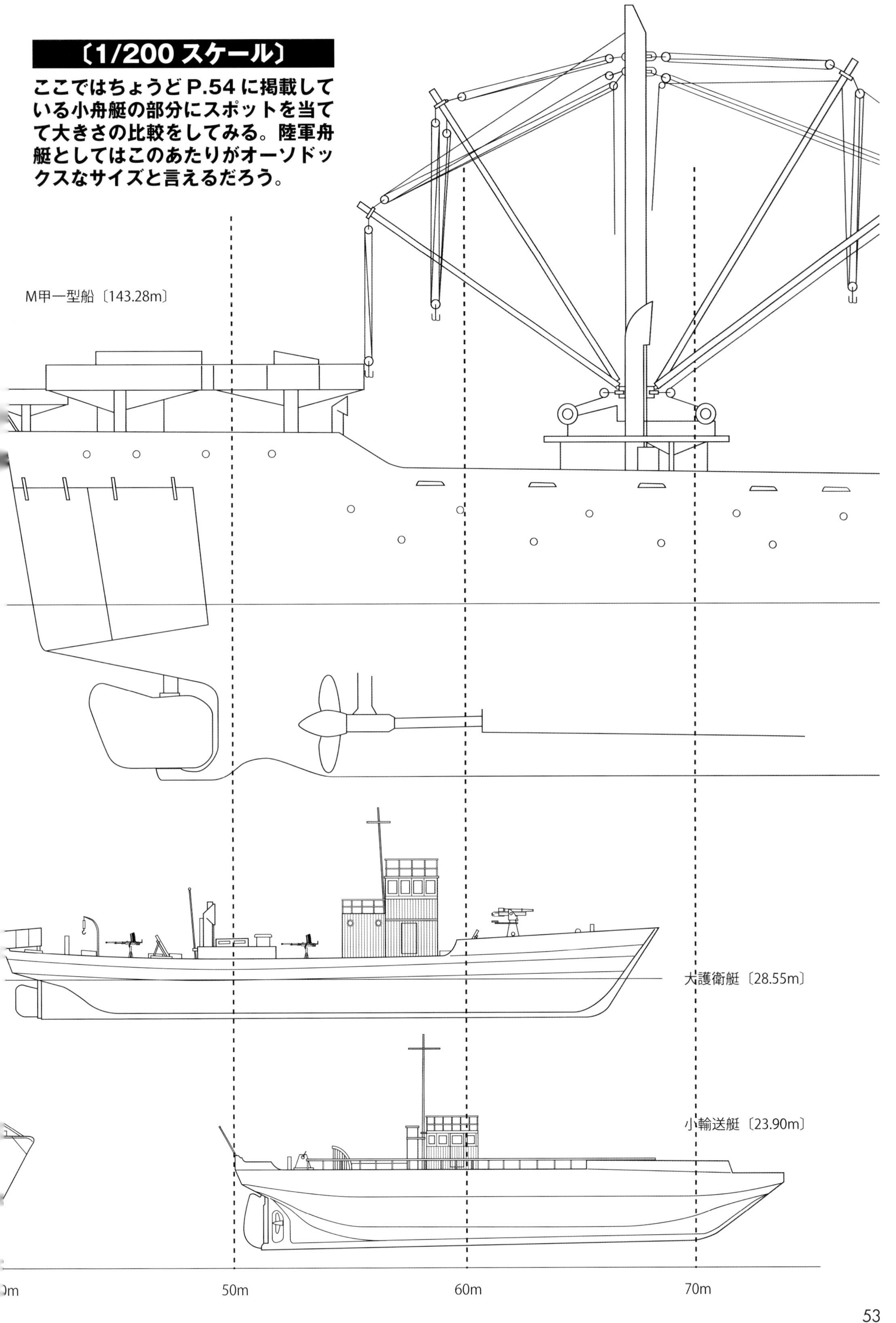

あきつ丸の着船指揮灯について

飛行甲板を持った舟艇母船としてひときわ異様を放つ丙型特殊船「あきつ丸」。対潜空母として生まれ変わるにつけ、本格的な飛行機運用能力を整備されたのだが、着船の際の誘導灯は日本海軍の空母のものを踏襲しつつ、いささか変わっていたようだ。

飛行機が航空母艦に着艦する時に使用する着艦指示灯（着艦指揮灯とも）は日本海軍独自のシステムで、アメリカ海軍などでは着艦指揮士官が「アップ」「ダウン」と大振りなジェスチュアでパイロットに指示を出し、大いに活躍するところだが、日本陸軍の対潜空母にも着艦指示灯と同様な設備が装備されていた。その概要について、あきつ丸の写真を用いて解説してみたい。

下はP.57でも掲載した写真の船体後部を拡大したもの。飛行甲板には発着の際に目印となる白線や着船目印となる白丸が描かれており、艦上には三式連絡機が繋止されているのがわかる。ポイントとなるのは両舷のスポンソンに設置された青灯、赤灯、そして白灯の装備位置である。ちょうど機銃スポンソンの前部に青灯が4つ、同スポンソンの中央部やや後方に赤灯が2つ、右舷スポンソンのみ、その後端に白灯1つが設置されているのが見てとれる。

ところで、陸軍側の審査委員としてあきつ丸で着船試験を行なった会田、わち、両氏の回想には「赤灯と青灯が一直線に見えた」と書いてあるのだが、同じ陸軍の元独立飛行第一中隊の田中氏（独飛1中隊と田中氏については拙著『日本陸軍の航空母艦』を参照されたい）は「青灯の上を白灯があり、近づいていくほど白灯が外へ外へ動いていき、青灯を超えると着艦している」と回想している。乗り込んでいた時期の違いもあるのだろうが、これはどちらの証言が正しいのだろうか？

両証言と写真を総合すると、青灯と赤灯が一直線に見え、その上に白が見えるというのが正解であろう。

なお、右ページ上図のように青灯と赤灯を線で結んで角度を測るとわずか15度程度しかなく、あきつ丸への着船角度は低く設定されていたものと考えられる。

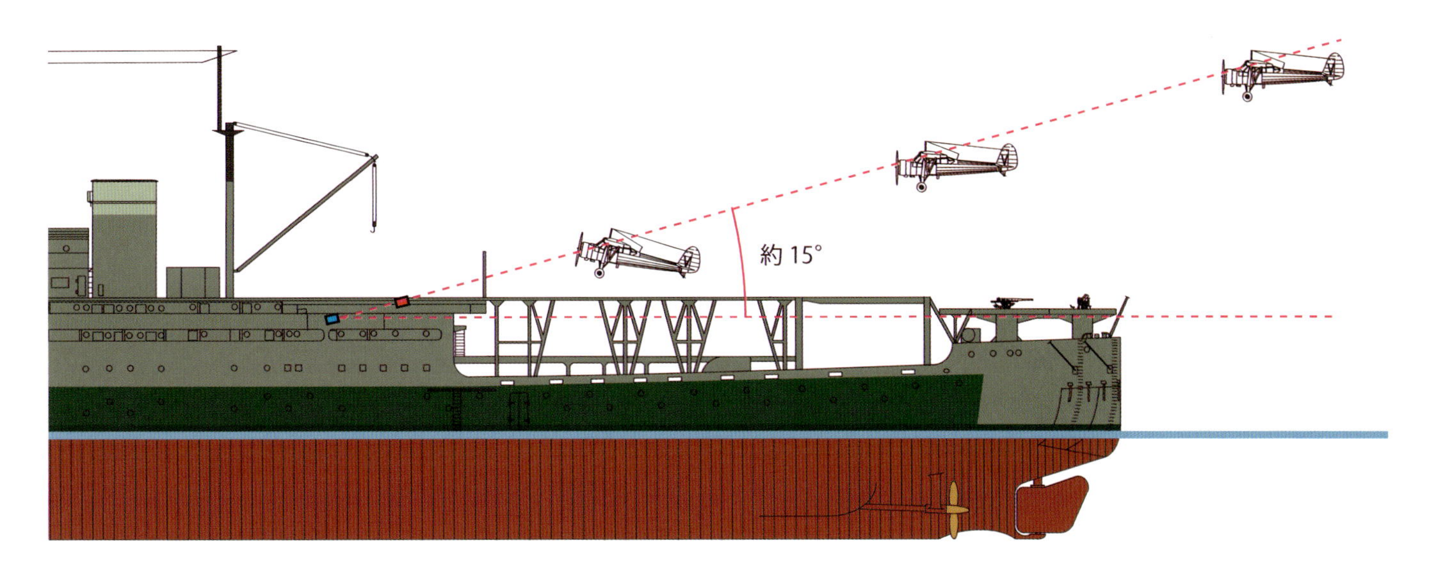

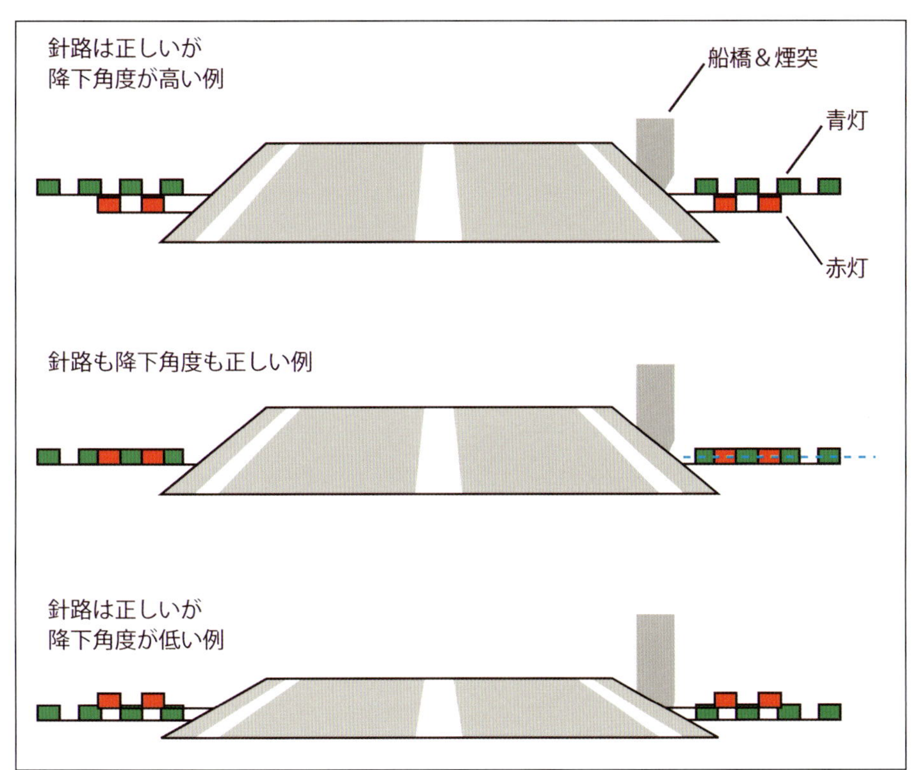

■着船（着艦）誘導灯の見え方

航空母艦の艦尾付近に設置されていた着艦誘導灯は左右両舷にあったが、海軍搭乗員の証言ではおよそ左舷側のものを使用したという。赤灯と青灯が横一線になるように降下接近していけば、正しい角度で着艦できることとなる。

◀艦首尾線には乗っているが降下角度が高く、青灯が赤灯の上に見えてしまっている。このままの角度で降下をしていくと機体を破損するような大角度で着艦することとなる。

◀青灯と赤灯が一直線になり、正しい角度（上図のように「あきつ丸」では15度程度）で降下している例。このまま降りていけば高度7mからの三点着陸で着艦フックを安全に捉えることができる。

◀青灯が赤灯の下に見えており、著しく降下角度が浅くなってしまっている例。このまま降りていくと、艦尾に発生する乱流に吸い込まれ、最悪は艦尾に激突することに……。

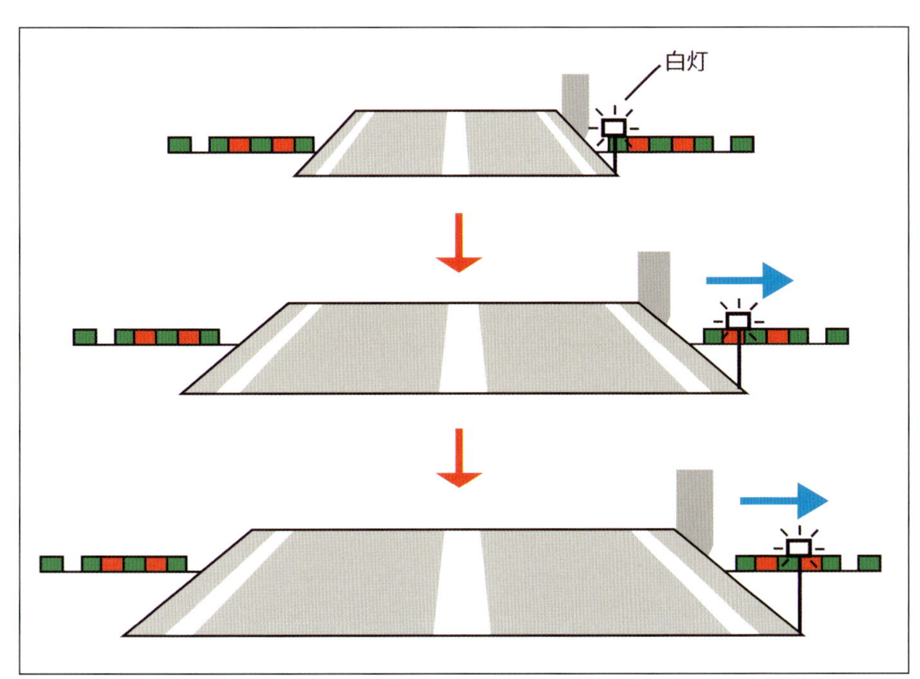

■あきつ丸独特の白灯の見え方は？

独飛1中隊の操縦将校として実際にあきつ丸に乗り込んでいた田中氏の証言では「赤灯と青灯の上を白灯が外へ動いていく……」とあるが、これを解釈したのが左のイラストだ。艦首尾線に乗り、正しい降下角を取って接近していくと、手前に設置された白灯が、一直線に並んだ赤灯と青灯の上を外へ、外へと、だんだんとずれていく。こういったしくみは海軍の航空母艦にはなかったものだ。

陸軍船艇の塗装

どのような塗料が使われたのか？

日本海軍の艦艇には軍艦色が塗られていたが、攻撃目標になりやすい航空母艦などには戦争が進むにつれ対空、対潜迷彩が導入された。日本陸軍の所有船や徴用船舶にもこれにならった迷彩が施されていたが、その規定はどのようになっていたのだろうか？

陸軍独自で研究に着手

昭和18年（1943年）7月1日、兵技機密第三〇六号本部命令」により、第三陸軍技術研究所へ徴用輸送船や自ら所有する特殊船、小型舟艇に対する迷彩塗装を研究するよう命令が発せられた。

この目的は敵側の艦艇に、輸送船及び小型舟艇の形状、大きさ、進行方向、速力等を錯覚させるためのもので、合わせて輸送船の存在を不明にするためのものや、塗料以外に海水や鏡、その他物件などを利用して偽装する方法についても研究することとされた。スタッフは、福田外次郎陸軍大佐を科長に、猪俣登陸軍兵技大尉、村山友弘陸軍兵技中尉、嘱託の関秀光氏らであった。第1次研究予定終了期は昭和19年3月（第2次は未定）とされた。

8月に入って本格的な研究に着手した彼らは海軍艦政本部に連絡を取り、ちょうど同年8月1日付で海軍航海学校の研究によりまとめられたばかりの報告書を入手し、輸送船の塗装に関してはこれに準拠するのが適当との判断を下した。このため研究対象はおのずと小型舟艇に対するものとなり、「主として海上及び海軍に於ける偽装、迷彩につき研究」することに改められた。

その際、「小型舟艇の迷彩は対潜水艦よりむしろ対航空機にある」ため「航空機又は気球よりの俯瞰観測を主眼とする」旨、明示されている。

やがて昭和18年12月、静岡県田方郡三津浜海岸において第一回試験が実施され、小型舟艇類に対する迷彩の基礎資料を得ることに成功した。この際に、海軍の迷彩色も比較のために試験に供されている。翌19年2月には同じ静岡県田方郡の静浦海岸において第二回試験を実施し、概ね実用に適する程度に達したことが認められて、小型舟艇用迷彩も決定された。

こうして昭和19年3月31日付けで陸軍兵器行政本部において「迷彩（船舶）審査終了報告」がなされ、「現行灰青色塗装より速やかに転換せしむるを可とす」と決せられた陸軍迷彩塗装法は以下の通りであった。

1.輸送船の迷彩

輸送船については先述の通り海軍航海学校研究報告に準拠し、水際（水線部）、舷側、上部構造物及び船首尾へと複合塗装を行なう。すなわち上部構造物と船首尾は陰影を消去するため淡色とする必要があり、檣（マスト）上部はさらに淡色とするものとする。このような迷彩塗装をする場合は、極力付図1「輸送船の迷彩塗装」の見本色と同じになるように色彩を合わすことが肝要である、として、現存する「三技研報第一三六号」にはカラーチャートが付されて掲載されている。

ここに指示された色合いを我々に馴染みある色の名前に置き換えると、水線部は「濃緑色」、舷側は「外舷21号色」、船首尾及び上部構造物は「外舷22号色」となるが、付図1をご覧いただければわかるように、我々が知っている「外舷21号色」と「外舷22号色」の外にもう1色規定されていることがわかる。これは便宜上、「外舷23号色」とでも言うべきだろうか？ 「外舷21号色」が白と緑を5：1の割合で、「舷外22号色」が白と緑を8:2の割合で調合したものだが、「舷外23号色」は白と緑を9：1ぐらいの割合で調合したものだろうか？ 非常に淡い色合いである。

この図と合わせ、右ページ上に掲載した空母改造後のあきつ丸の写真をご覧いただきたい。ほぼ

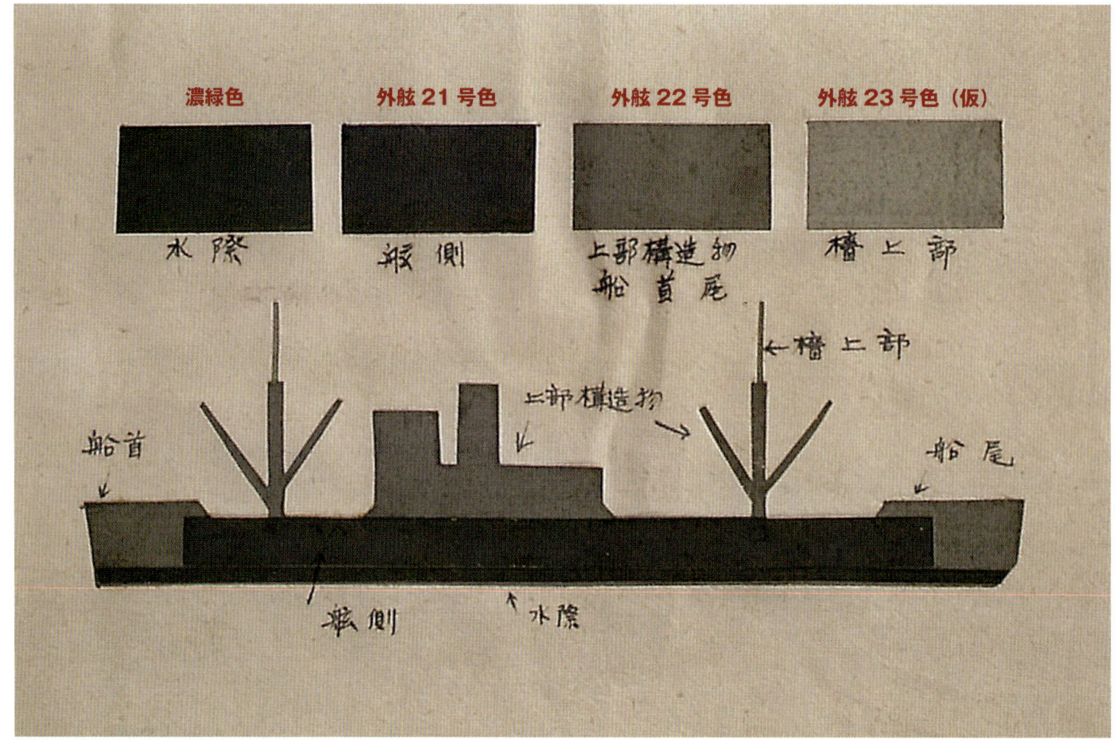

付図1 三技研報第一三六号に添付された輸送船迷彩要領図（防衛省戦史図書館所蔵資料）

▶経年変化により黒ずんでいるが、本来はもっと明るい。

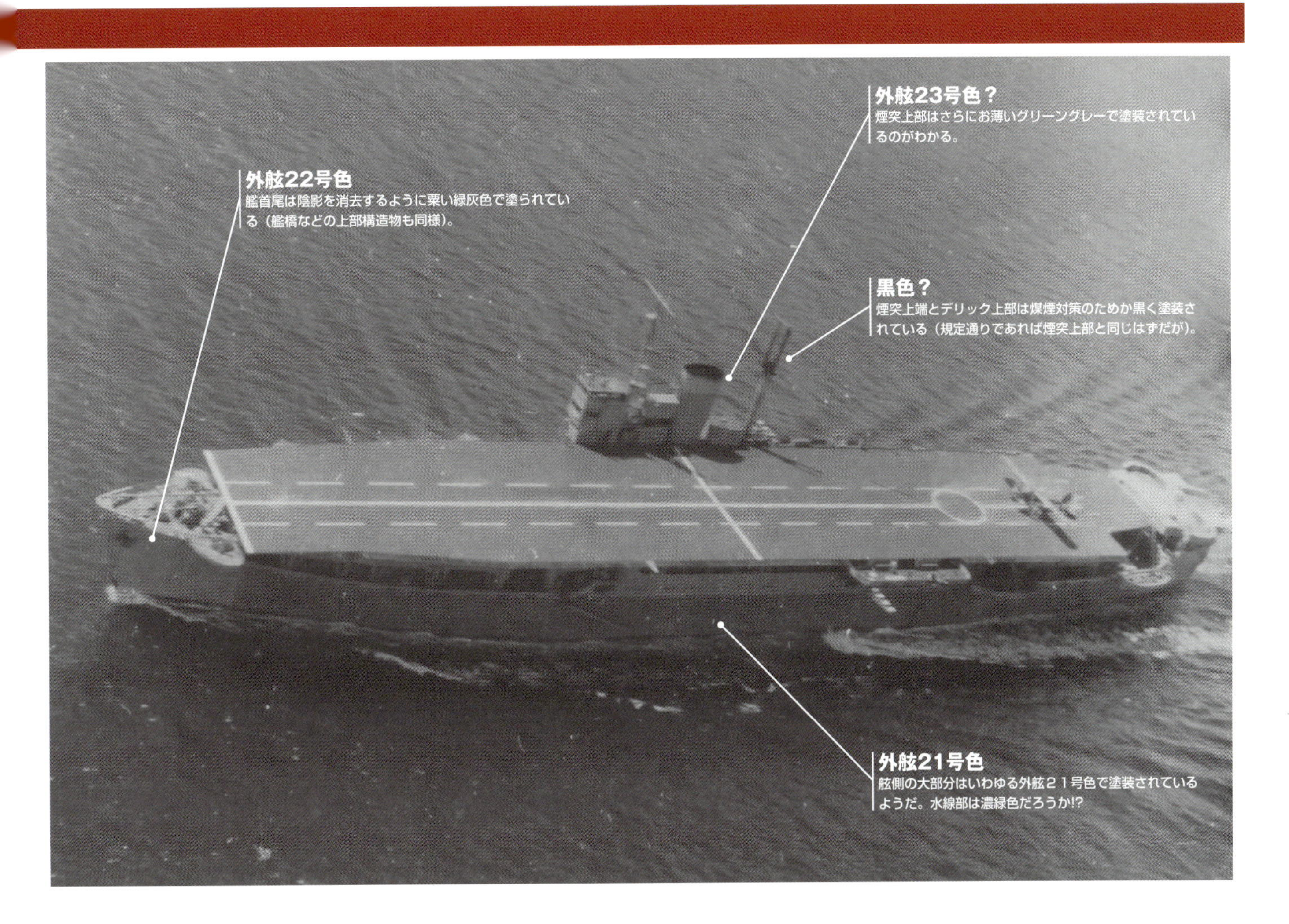

この指示の通りに塗られていることがわかる。ただし、あきつ丸の場合では舷側の「外舷 21 号色」塗装は船首楼後端から船尾楼前端に変更され、上甲板より上は船首尾と同じ「外舷 22 号色」とされている。

さらに、デリックマストの上部は排煙で汚れるためか煙突頂部と同様、黒にされているが、煙突上部は黒ではなくさらに白い緑、つまり「外舷 23 号色」で塗装されているようだ。塗り分けは高さによって決められていたのだろうか？

2.小型舟艇への迷彩塗装

小型舟艇の迷彩は先述したような実験結果を得て、次ページの付図２のように、水平、垂直両面への複合塗装を行なうことと規定され、ただし、舟艇が小型の場合は垂直面（舷側）と同じ塗料一色でよいこととされた。

本迷彩に使用する塗料の性質は以下のようである。デッキ（水平面）は紺青、垂直部は青と白を混ぜて作った色が塗られている。これらについては配合割合の数値が書かれていないため、正確なものはわからないが、紺青５：白１ぐらいではなかったかと推測する。

■あきつ丸の迷彩の例

▼付図1の資料と上掲の写真を元に再現したもの。ただし、迷彩のパターンがわかりやすいよう、色調はやや強調を効かせており、本来の色とは異なっていることをご理解いただきたい。

付図2
小型舟艇用迷彩の例
(防衛省戦史図書館所蔵資料)

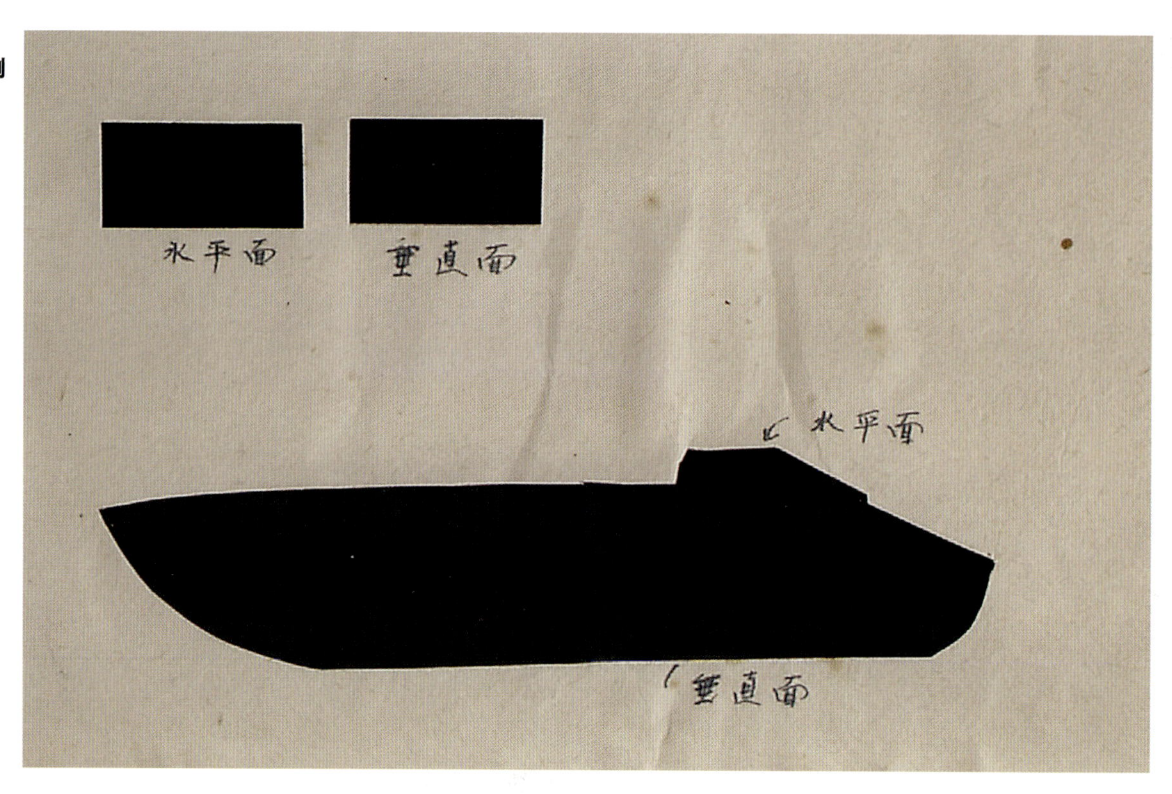

▼小型舟艇用迷彩を理解するためにここに掲げる四式肉薄連絡艇の写真をご覧いただきたい。どうだろう？　小型のため単色塗装である。元海上挺進戦隊隊員の方の話では青っぽい緑だったとのことなので、これまで言われているような緑色ではなく、青緑だろうと思われる。
(防衛省戦史図書館所蔵写真)

第2章
輸送船艇

高速輸送艇

昭和17年に敵の反抗が始まると、急速に南方の島々への輸送が困難になり、とくにガダルカナル島を失ったあとは大型船舶による輸送はできなくなった。そこで、陸軍運輸部では海軍の鼠輸送をまねて夜間に高速で物資を輸送し、さっと引き揚げることができる高速輸送艇を多数用意し、ひっきりなしに物資を補給することを考え、その研究に着手。横浜ヨット工作所に以下の要件で船型研究を依頼した。

1，南方海域だけで使用する。
2，50t程度の物資を積載する。また、それを海中に投下できること。
3，速力は30ノット。
4，航続距離は1000浬。
5，工作容易で大量生産に適すること。

昭和18年初頭、研究の成果が出て船型がまとまり、ただちに試作艇を製作すると共に、南方戦線では一日を争う状態となったことで、参謀本部の要求により大量生産の準備に入った。

昭和18年3月24日、ようやく試作艇が完成し試験のために出港したが燃料漏れがひどく、造船所へ引き返して修理をしていたところ、電球の火花が機関室に充満していた気化ガソリンに引火、一瞬で機関室内は火の海となり泡沫消火器で消火に成功したものの、その修繕のため実用試験が5月まで伸びてしまった。5月の実用試験では、爆雷投下試験中に導火線に火が付いた爆雷が落ちず、試験員が慌てて抱えて海に落とし事なきを得たこともあった。他にも建造中に溶接の火で燃料タンク内のガスに引火して破裂したり、台湾回航中に機関故障を起こし、大島付近の岩礁に衝突し沈没するなど、何かと事件が多い艇であったという。

こうした試運転の結果、計画の要件をだいたい満たすものとして量産されたのが伊号高速輸送艇一型式と呼ばれるものである。本艇は船体中央にある貨物室からゴム袋に入った貨物をロープで繋ぎ、舷側から海中へ投下。これを搭載している小発で海岸まで引っ張っていくというものであった。

速やかに部隊に配備するために、訓練を行なう宇品へ回航したが、一方で、試験等のデータを元に新たに試作艇を作ることになった。この研究は第三研究所に引き継がれ、昭和19年1月下旬から研究を開始、2月上旬から設計を開始し下旬には早くも完了した。これは一型式の図面を改修しただけだったためと思われる。

続いて3月に日本造船（株）で第二次試作艇の制作が開始された。この第二次試作艇は一型式の部材を使用して作れるようにしたため建造は順調に進み、7月下旬に完成した。完成した試作艇は同月28日から8月1日までの間、第一回実用試験が行なわれた。第二次試作艇では主機を650馬力空冷航空エンジン3基に変更。試験の結果、この空冷航空エンジンは問題なく高速艇の主機として使用できることが確認されたが、一部改修が必要とされた。そのため第二次試作艇の改修工事が行なわれ、10月30日に工事完了し、12月15日から2月4日にかけ、第二次試作艇を横浜から宇品へ回航する間を利用し、陸軍船舶訓練部が乗艇し第二回実用試験を実施した結果、以下の要件がまとめられた。

1，波高2m風速（逆風）12m以下の海上で連続航行が可能であるが、波高が2.5mを超えると航行に危険を感じる。
2，耐波性能も波高2m以上になると船殻、機関の強度に疑問がある。
3，凌波性能も波高2.5m以上となると良好とは言えない。このため、長時間航行は波高2m以下とする。
4，実用試験の結果、操舵装置に不備があり、取り舵が難しいため改良する。

こうして2月中旬に研究は終了した。

第二次試作艇の生産型を伊号高速輸送艇二型式という。二型式では一型式とは反対に船体中央部に燃料タンクを置き、船尾に貨物室を配置した。これは、船尾の小発の搭載を止めて泛水装置を無くし、搭載艇を九五式折畳舟にしたため実現したものである。また、船体幅を一型式5mから40㎝広げ5.4mとされ、キャンバーを上甲板で5.5㎝、船尾で9.1㎝と改良されたが、外見は一型式と同じである。

第二次試作艇と同時に、輸送地で荷役する時間をかけずに離脱するために、船尾に切り離し式の貨物室を付けた試作艇を3隻作ったが、実用試験中に波浪で切り離し部が破損したため中止となった。

伊号高速輸送艇は、陸軍運輸部金輪島工場、木南車輌、横浜ヨット工作所、南国特殊造船、木原造船堺工場、前田造船において、終戦までに一型式と二型式を合わせ約60隻が建造された。

	伊号高速輸送艇一型	伊号高速輸送艇二型
全長	33m	33m
幅	5m	5.4m
深さ	2.8m	2.8m
吃水	常備1.122m	常備1.040m
	満載1.260m	満載1.297m
排水量		常備79.192t
		満載103.621t
機関	九八式800馬力水冷航空エンジン3基	九七式650馬力空冷航空エンジン3基
出力		
回転数		1基あたり最大馬力550馬力2400回転／毎分
速力（常備）	25ノット	19ノット
航続距離	1000浬	1000浬
積載量	常備23t	常備29t
	満載40t	満載48t
兵装	九八式20㎜高射機関砲2門、九八式高射機関砲1門、爆雷投下器2基	九八式20㎜高射機関砲2門、37㎜舟艇砲1門、九八式高射機関砲1門、爆雷投下器2基
無線装置	船艇無線機甲	船艇無線機甲一式、ら号装置一式
搭載艇	小発1隻	九五式折畳舟5隻

伊号高速輸送艇一型大体図

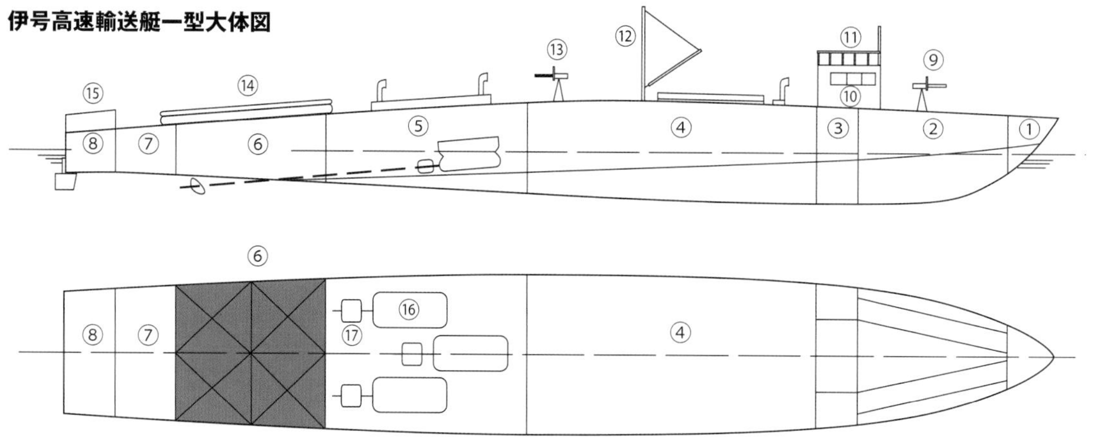

▲船首尾よりも船体中央部の方が乾舷が高い、特異な船体形状をしていることがわかる。船尾の甲板には貨物を搭載した状態で小発を泛水させる装置が用意されていた。

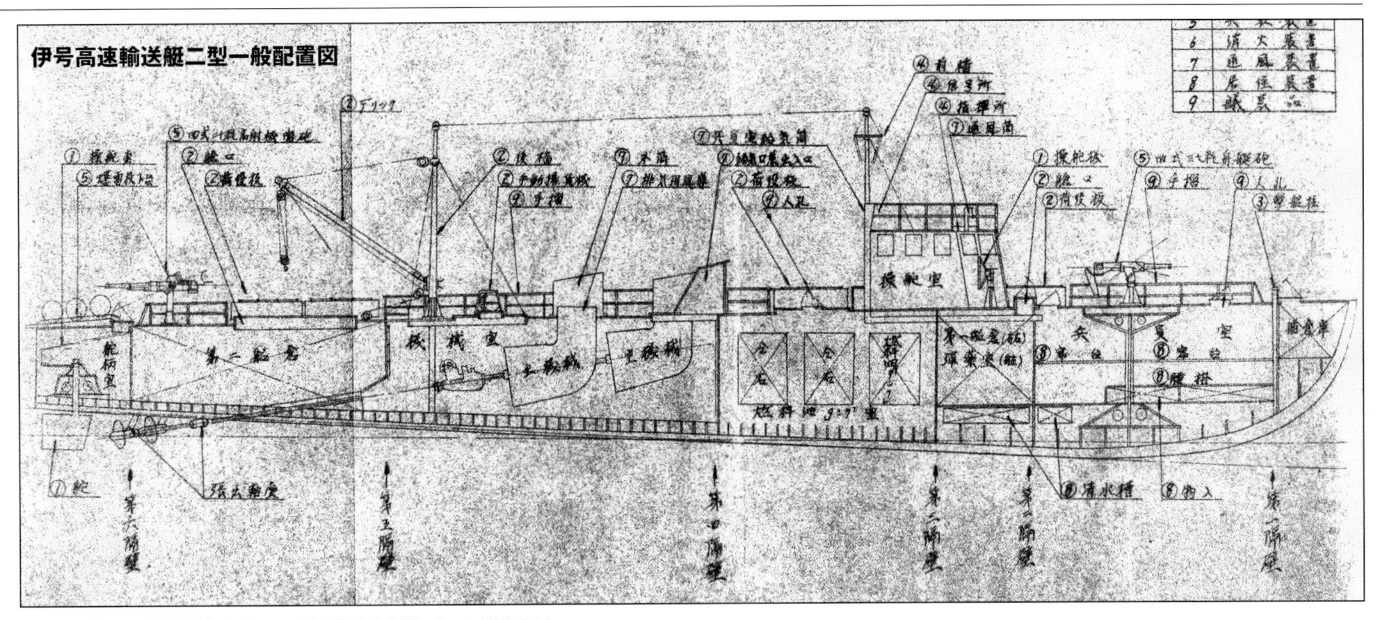

▲二型は船尾の泛水装置を廃止し、一型で船体中央部にあった貨物室が船尾に移設された。これにより空いた船体スペースに燃料タンクが配置されている。（防衛省戦史図書館所蔵資料）

▼こちらも伊号高速輸送艇二型一般配置図で平面を表したもの。兵装は船首に37㎜舟艇砲1門、船尾に20㎜高射機関砲と爆雷投射器2基が配備されている。艇内部には中央に6個の燃料タンク、その後ろに3基のエンジンが配置されている。（防衛省戦史図書館所蔵資料）

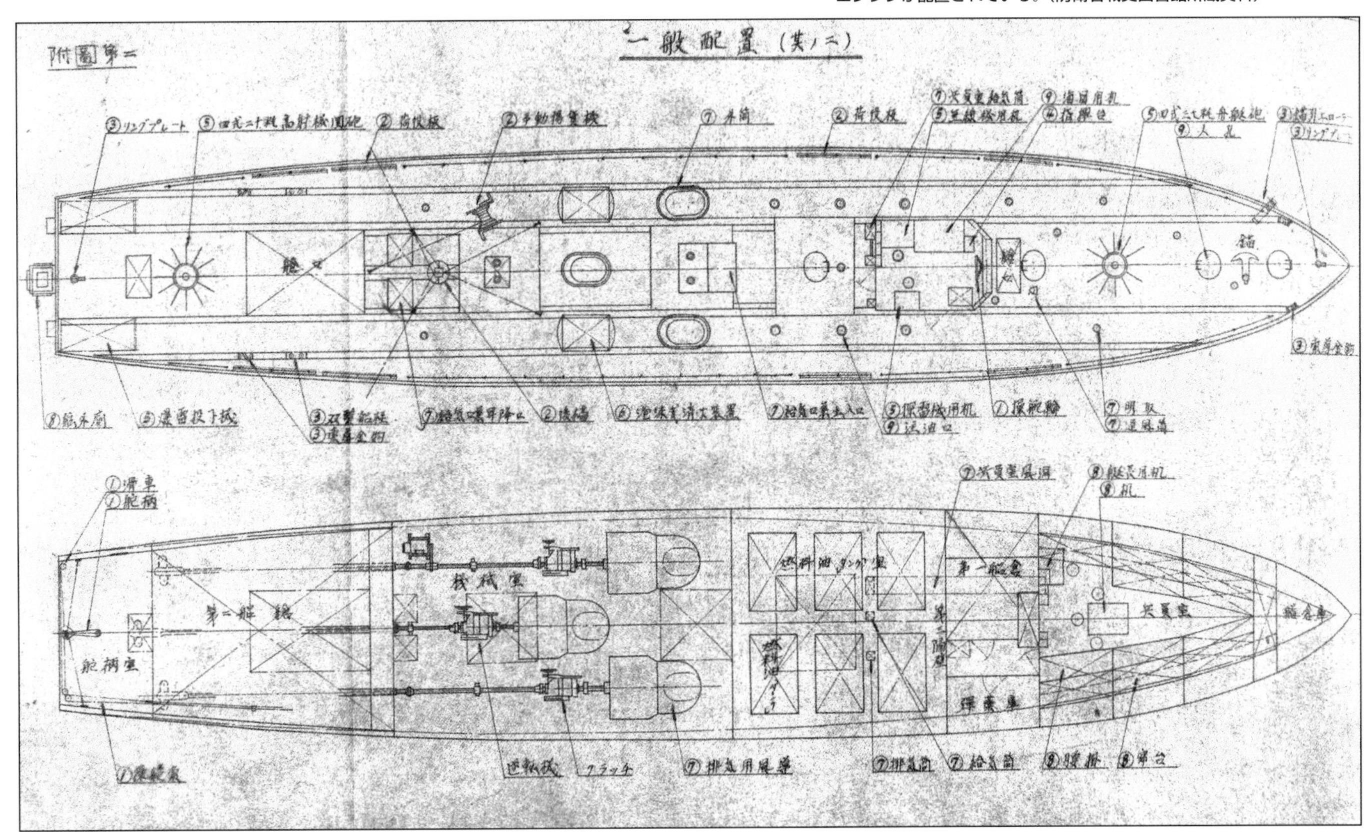

伊号高速輸送艇船尾切り離し型大体図

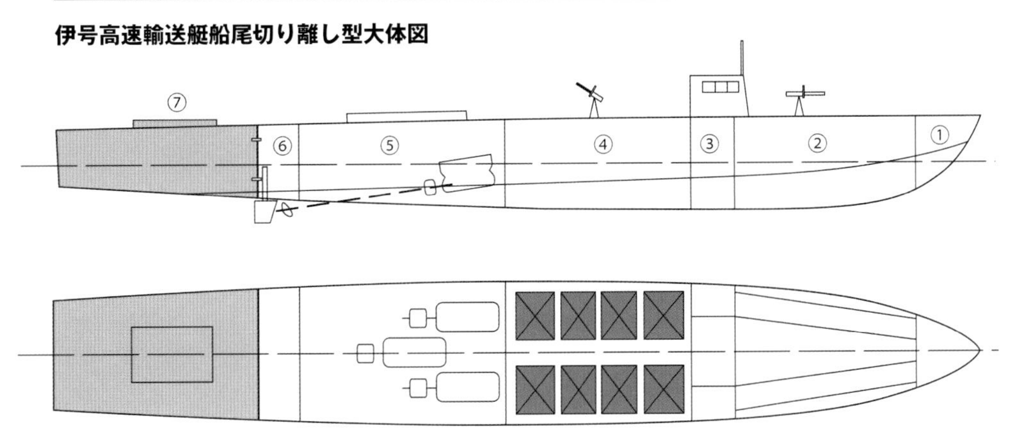

◀船尾に切り離し式の貨物室を装備する特異な形態が特徴。目的地に高速で進入し、物資を満載したこの部分を切り離して離脱するわけだ。しかし、接合部の固定がうまくいかず、結局開発は断念された。

①倉庫
②兵員室
③艇長室兼無線室
④燃料槽
⑤機関室
⑥舵器室
⑦貨物艙（分離可能）

小輸送艇

港湾設備の整っていない南方海域の島々への輸送には大型船が使えないので、大発や機帆船、漁船が用いられていたが、これらは速力が遅く、速力の早い機帆船が要望されて、昭和17年夏頃、運輸部からの提案により試作することとなった。

機関に650馬力の機関を採用した100t未満の木造機帆船が計画され、各地の造船所に建造を命じた。全長約20mの機帆船で、これを暁型と称し昭和18年に量産した。

その後、昭和19年6月に船首を直接接岸し、重量物を揚陸できる二型の研究開発が開始された。完成した二型試作艇は改修が必要とされ、7月初旬に大阪陸軍造兵廠で工事が行なわれ、同月7日から11日の間で実用試験がなされた。

その結果、二型は構造、機能共に概ね良好で実用しえるとこが確認された。北方海域での航行には水密及び耐波性能を検討を要したが、荒天でない限り使用に支障はないとされた。この二型は星型と称された。

そして、9月下旬大阪陸軍造兵廠の図面を元に、応急改修用の整備図面が完成した。10月下旬、研究方針の変更により二型の研究を終了した。

昭和19年10月24日より、新たに北方海域で使用できる星型の研究開発が開始され、11月10日に基本設計を、同月17日に詳細部設計を完了した。これが三型である。試作艇は同月20日に起工され、12月11日に進水、同月14日に竣工し、同月16日から23日まで実用試験が行なわれた。その結果、一部改良が必要だが概ね要件を満たす性能を有すると判断された。その速力は9.7ノット、最大10.7ノットを超えることが困難であることが確認されて、12月下旬に研究を終了した。

実用できると確認された三型は、量産に移され中四国、近畿の木造造船所で建造された。

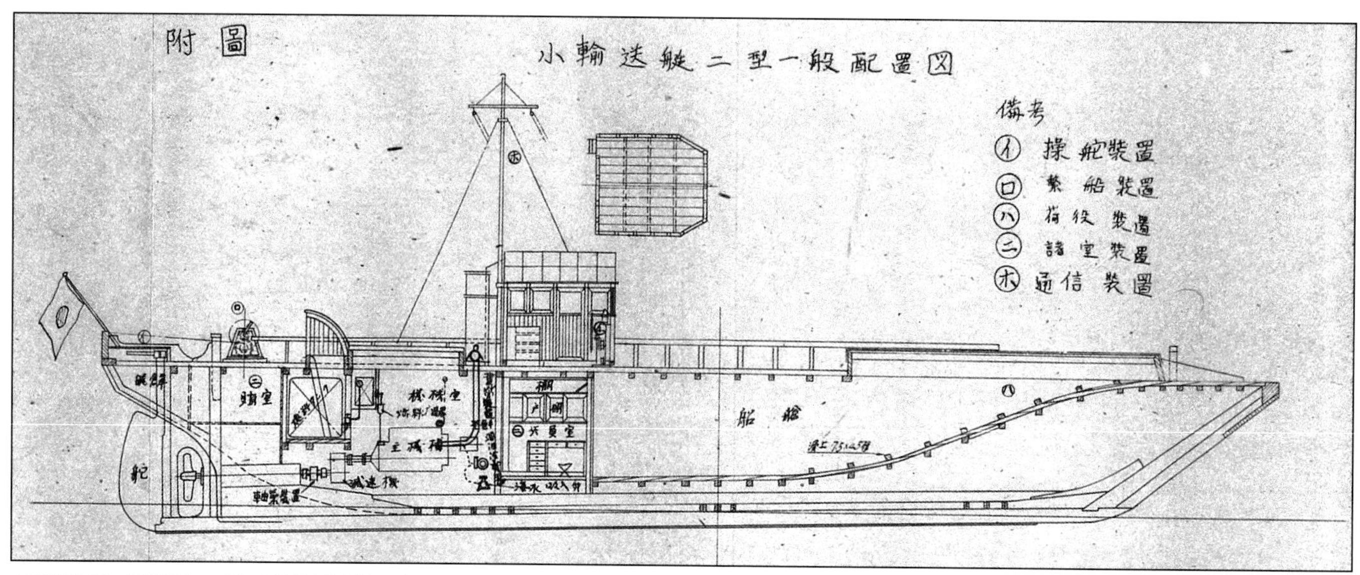

▲小輸送二型一般配置図。一見して大発の拡大版のようなスタイリングだが船首にはランプゲートはない。船首から砂浜へ着岸して歩板と斜め甲板を利用し、搭載物資を陸揚げする。本図を見ても、船首構造が可動式でないことがわかる。（防衛省戦史図書館所蔵資料）

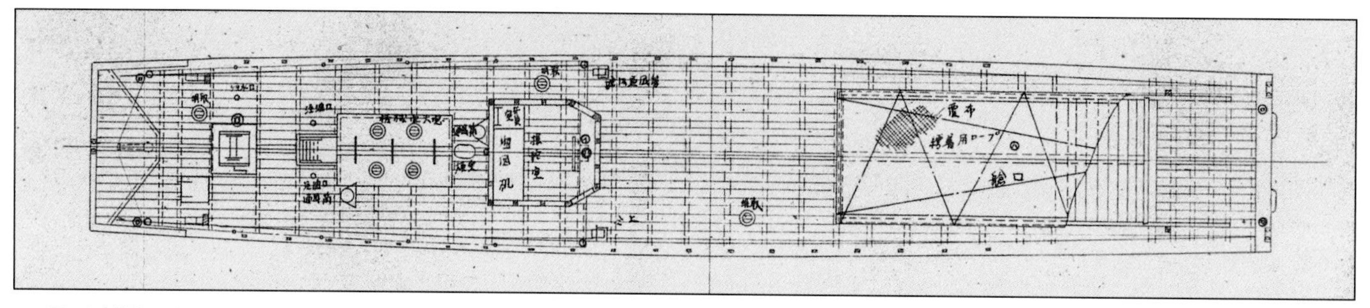

▲▼同じく小輸送二型一般配置図より。平面形はほぼ長方形となっており、船内容積を確保するためであったと思われる。（防衛省戦史図書館所蔵資料）

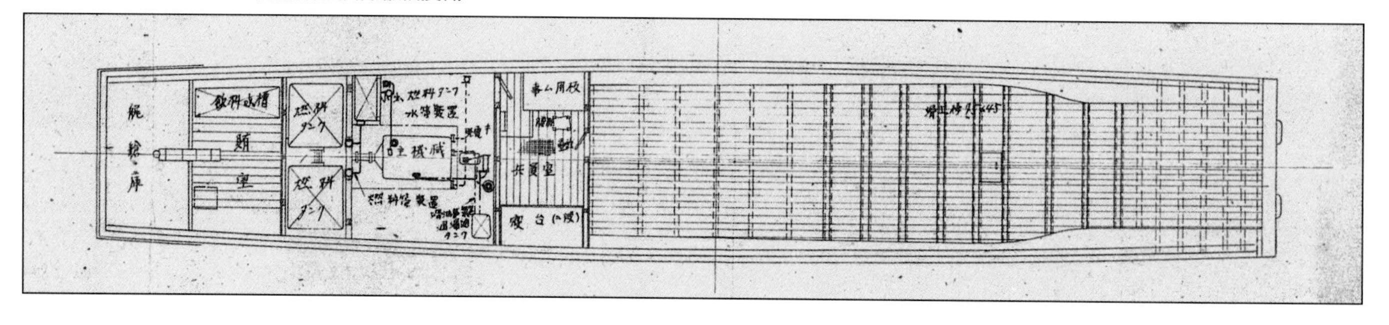

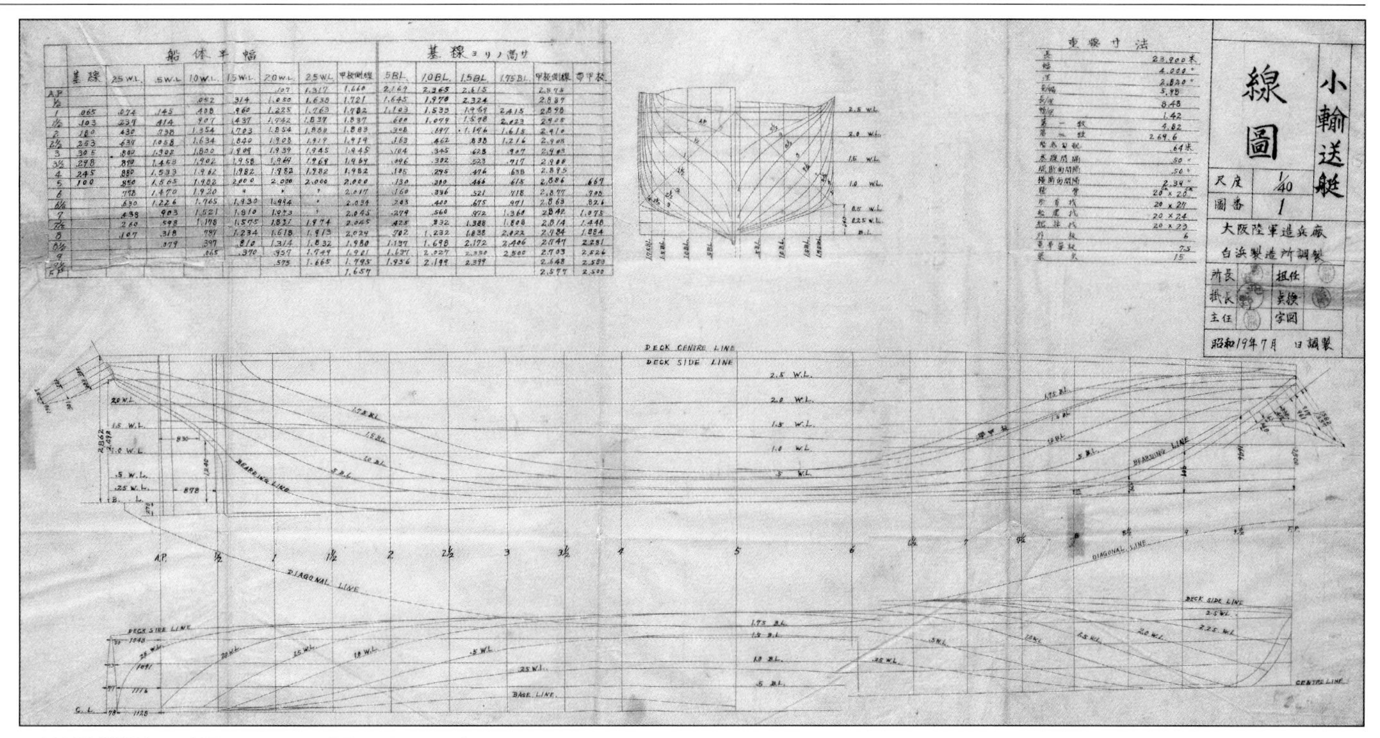

▲小輸送艇船体線図。表題されていないが要目を見ると二型のものとわかる。前ページに掲載した一般配置図からはわからない、船体形状を知ることができ、平面形は長方形のようだが、じつは水線部から下の船体自体は通常の船舶のような形状をしていたことがわかる。
(防衛省戦史図書館所蔵資料)

▼(下三図とも)小輸送艇三型一般配置図。一型に比べ、三型は一般的な機帆船形態といえ、これといった特徴はとくにない。小型ながらも数を揃え、輸送量を確保することが目的だったのだろう。
(防衛省戦史図書館所蔵資料)

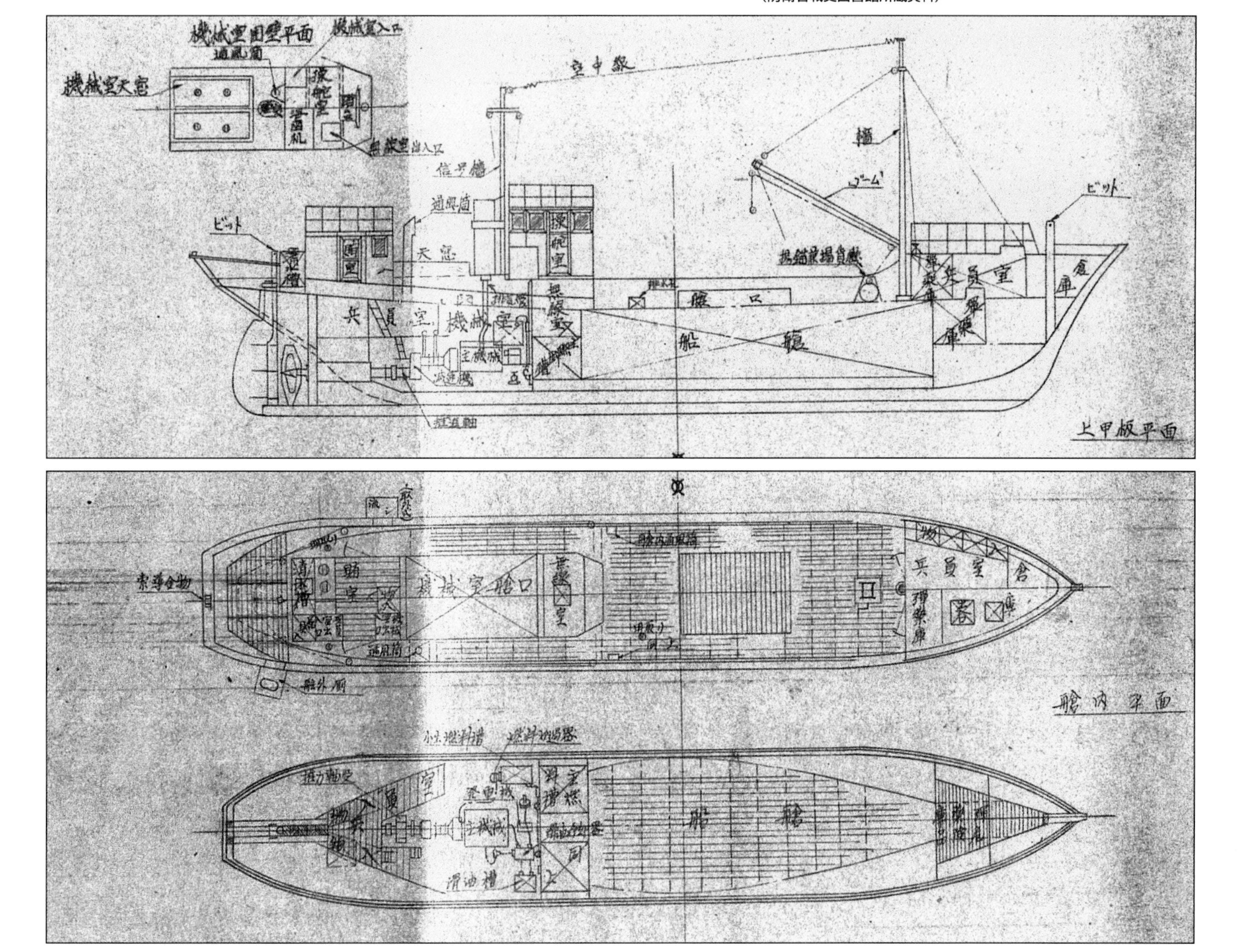

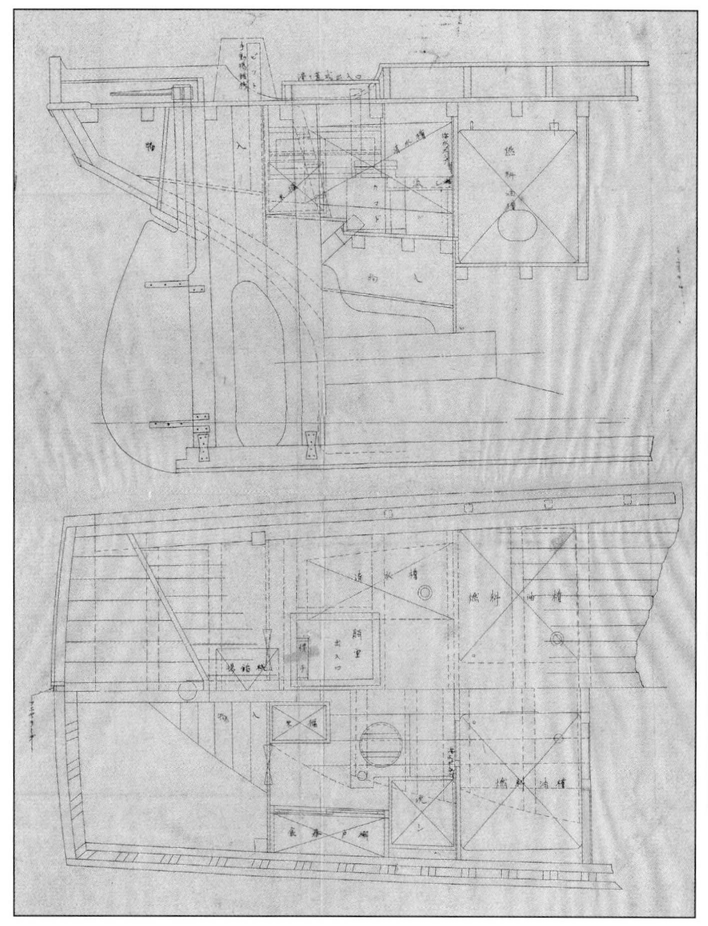

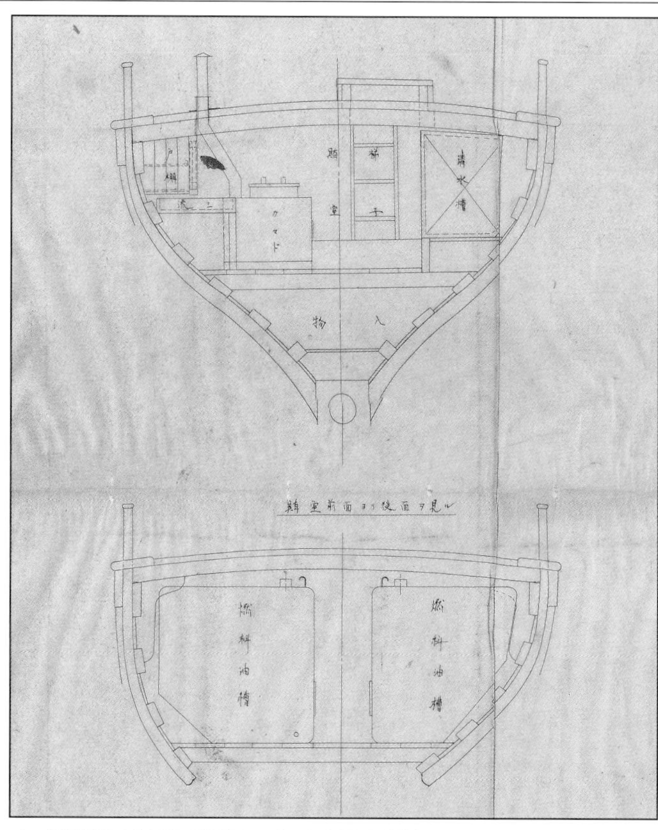

◀▲小輸送艇二型の船尾詳細図。四角い甲板平面が船底にかけて大幅に絞り込まれている様子がうかがえる。船尾には燃料タンク、清水タンク、流し、カマド、物入れのスペースが設けられていた。（防衛省戦史図書館所蔵資料）

▶小輸送艇二型の船橋詳細図。量産性を考慮された、ほぼ正方形の簡単な作りとなっている。（防衛省戦史図書館所蔵資料）

▼小輸送艇二型の船首詳細図。キャンバーの付けられた甲板の断面形状が興味深い。船首にはランプゲートがないかわりに、船首甲板上に跳ね上げ式の歩板が設けられているようだ。（防衛省戦史図書館所蔵資料）

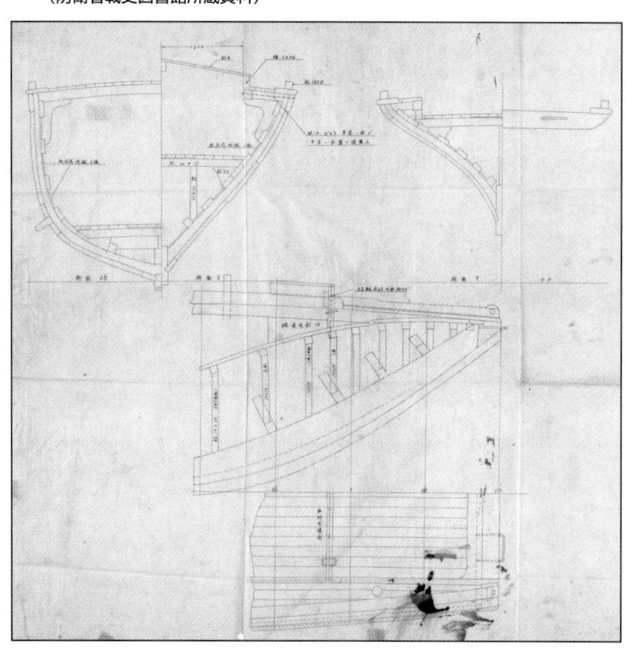

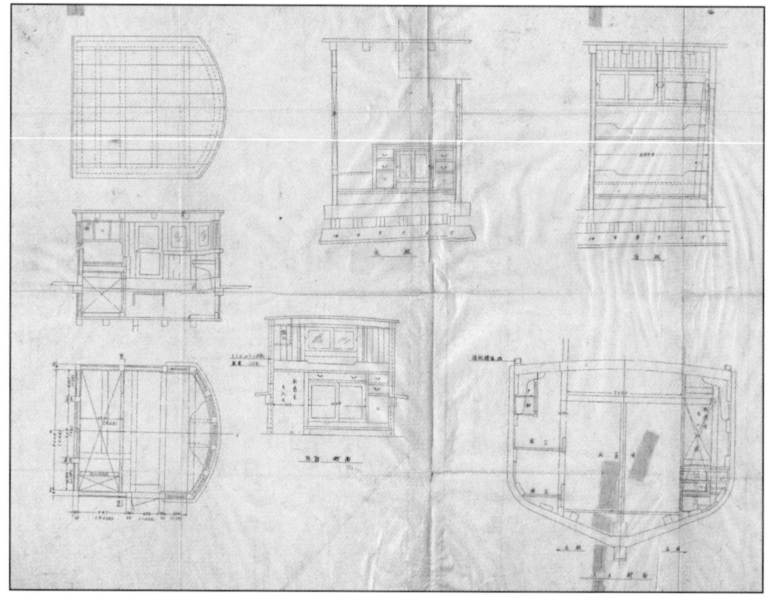

	小型輸送艇二型	小型輸送艇三型
全長	23.9m	22.4m
幅	4m	4m
深さ	2.87m	2.25m
排水量	53t	47.62t
平均吃水	満載1.78m	1.76m
船内容積	56立方メートル	54立方メートル
積載量	30t	30t以上
最大速力		10.7ノット
巡航速力	満備状態10.36ノット	9.7ノット
	軽荷状態12.20ノット	
行動日数		6日間
機関	船用水冷V型12気筒ディーゼルエンジン（チケ車機関）1基	船用水冷V型12気筒ディーゼルエンジン三型（チケ車機関）1基
出力	150馬力	150馬力
回転数	毎分1500回転	1毎分1500回転
推進器	直径1m、ピッチ2.1	

▲日立笠戸工場で完成した三式潜航輸送艇○ゆ試作1号。これからの進水に向けて、シーソーに乗せられている。（写真提供／国本康文）

潜航輸送艇

陸軍独自の開発

昭和19年3月5日、参謀本部第十課長荒尾大佐から塩見文作技術少佐が参謀本部に呼び出され、参謀将校より「戦局は悪化の一途を辿っている。ガダルカナルを失ってからは海軍の輸送力に期待できなくなり、陸軍も海上輸送を行なわねばならなくなった。アッツ島、キスカ島方面、南方諸島方面、インドネシア方面など島嶼部への浮上船舶による補給が困難となり、海軍の潜水艦が物資輸送に全力を上げているが、全ての戦線には行き渡らない。そこで陸軍でも独自に潜水艦を作り物資輸送すべきである。」と潜水輸送艇の開発について説明を受けた。

その時、出された建造条件は

1，陸軍部隊が陸軍自体の輸送潜水艦を作り出すこと。
2，海軍には内密に建造すること。
3，造船所を使用せず作ること。
4，建造数は本年度中に20隻。
5，陸軍部隊のどこで作ってもよい。

塩見技術少佐が第七技術研究所に戻り長沢閣下に相談すると、同研究所で研究開発する許可が降りた。そこで、フランス語の「潜水艦と魚雷および機雷」と「ゲルマニア造船所における潜水艦建造」という文献で潜水艦の調査を行なうと共に、民間機関である深海研究所の西村式潜水艇を調査し、建造に関する構想を以下のようにまとめた。

1，設計をできるだけ早くする。
2，建造所はボイラー工場、または汽車製造工場を利用する。
3，大きさ（トン数）は300tぐらいにする。
4，設計のための文献を収集する。

こうした構想の下に、建造に適した工場を探した結果、東京の安藤鉄工所と山口の日立製作所笠戸工場に決定、文献研究による建造要領を以下のようにまとめた。

1，陸上で部分的に作り、軌道上で組み立てて進水する。
2，リベットを極力少なくし、必要な箇所のみに止める。耐圧殻だけでなく外殻など大部分を溶接とする。
3，トン数は300t程度にする。
4，耐圧船殻を強くし、水防バルケッドを全廃、配管を簡単にする。
5，乗員はできるかぎり少なくする。
6，ボイラー製造技術で建造できる程度の設計にする。

パーツ製造などの問題も順調に解消し、設計も順調に進んだ。しかし、この計画を海軍がかぎつけ陸軍に説明を求めてきたため、陸軍側は海軍省で行なわれた説明会で一般図を広げ、以下のような説明を行なった。

1，本艇は敵を求めるものではなく、物資輸送のみをやるものである。
2，特定海域で就航する。
3，造船所以外の工場で作る。しかも、誰でも多量に作れる。
4，操縦が簡単。
5，コンパス1つで太平洋を乗り切るだけの気塊のある海国民が乗るもの。

その説明を聞いていた海軍のお偉いさんが「ヘン、陸軍が舟を作れるか」とやじったため、陸軍側では「このようなことを陸軍にやらせるのは海軍の責任ですぞ。」と反論したという。

試作艇は、日立笠戸工場で製作が開始され、船体は三分割ブロック方式で製作、艤装されていった。6月の時点での陸軍の要求隻数は20隻だったが、短期間に倍の40隻を作る決心をした。そして、三分割で完成した船体を問題なく結合させ、10月16日いよいよ進水の日を迎えた。進水はかねてより建造主任の中村大尉が研究しており、重量計算係の藤永少尉がキールに付けるバラストの重量を加減していたので、問題なく進水した。しかし、進水後の艤装に手間取り潜航試験に至るまで1ヶ月を要し、10月31日に完成した。

潜航試験は、万が一事故が起こっても脱出衣で脱出できる水深の、柳井湾里島沖水深約40mの海面が選ばれ、笠戸から水上航行試験を兼ねて自走で現地に向かった。時化た海面を約11ノットの速力で問題なく柳井沖まで航行し、5隻もの見張り艇を出

◀セイル前の装備された37㎜舟艇砲の前で記念撮影する乗員たち（舟艇砲の操作員か？）。37㎜舟艇砲の操作側となる左側が写っているのが貴重。最後部の肩当て（黒いもの）、その前にあるトリーガー、その上の照準器が確認できる。（写真提供／国本康文）

▼日立笠戸工場の沖で沈降試験に備え準備中の◯ゆ試作一号をほぼの真横から撮影。船首、中央、船尾に小舟が付いて準備真っ盛りといったところ。（写真提供／国本康文）

し、もし浮上してこなかった場合を考え、正確な潜航地点の座標を求めた。

やがて潜航輸送艇はキングストン弁を開き15度ぐらいの角度で潜航を始めたが、船尾のバルブを開け忘れたのかなかなか沈まず、ようやく船尾が沈んで潜航に移った。潜望鏡が波を切って進んでいく。10分ほど潜望鏡深度で航行したあと、完全に潜航し1分ぐらいすると浮上した。浮上した潜航輸送艇はみるみるうちに浮上航行状態まで浮き、セイルのハッチを開けると機関を停止し、乗り込んでいた研究員が全員甲板に出て、試験の成功に歓喜し明るい顔でたばこを吹かした。のちにセイル形状を改正するが、これを三式潜航輸送艇一型という。

昭和19年6月10日、第七技術研究所は性能向上型の研究を開始し、8月上旬より安藤鉄工所で試作艇の製造を行ない、昭和20年5月16日に完成した。完成した試作艇は5月22日に日立笠戸工場へ向かい、性能試験中に終戦を迎えた。しかし、なぜか終戦後3日も経った8月19日、航行試験が行なわれた。この性能向上型を三式潜航輸送艇二型という。

厳しい実戦

昭和19年6月下旬、ついに出撃を迎えた三式潜航輸送艇は、高雄に進出しマニラを目指した。しかし、その途中で修理できない故障が発生し、1号艇と3号艇はリンガエン湾で自沈。2号艇はマニラからさらにオルモック湾に向い湾内に進入したが、警備中の米駆逐艦に発見され撃沈されてしまった。リンガエン湾で自沈した3号艇は、米軍により昭和20年1月18日に引き揚げられ捕獲された。その後、ハワイ真珠湾へ運ばれ調査されたが、その後しばらくは解体されることもなく、船体だけポンツーンとして長く使用されており、遠洋航海で真珠湾に立ち寄った海上自衛隊員によって目撃されている。

しかし、陸軍参謀本部は一型の物資積載能力に満足できなかったようで、昭和20年3月下旬から積載量を増やすための研究が始まり、翌月上旬には日立笠戸工場で建造される1011号艇を改修する決定をし、基本設計を開始した。それは1ヶ月でまとめられ、5月から詳細設計を開始し半月で完了、直ちに改修型試作艇を1010号艇に変更し、6月上旬に日本製鋼所広島工場で改修が行なわれた。改修された1010号艇を使い7月5日から8日まで実用試験が行なわれた結果、改修された甲板の配置はよく、性能を低下することなく積載物資を5t増加させることに成功した。その改修要領は以下の通りである。

1，甲板通路を1m増大し、容積を増加する。
2，甲板上、前後端に柵を設け、積載物資の移動を防止する。
3，甲板床を取り外し式グレーチングとし、船殻上部の配管及び諸弁の操作点検を容易にする。
4，甲板上の要点にリングを取り付け、積載物資の個縛を容易にする。

以上の改修を終えたが、多くの艇が訓練中に終戦を迎えた。

終戦までに、フィリピンへ出撃した3隻以外に失われた艇は1隻で、全てが連合軍により接収された。失なわれた1隻は朝鮮半島で座礁した状態だった。

	試作1号	試作二号（一型）	二型
全長	41.25m	41.41m	50.4m
幅	3.9m	3.9m	5m
吃水	2.985m	2.75m	3.13m
排水量	270t	274.5t	430t
最大深度		100m	150m
貨物容積	36.04立方m	48.58立方m	
積載重量	15-25t		
速力			
最大水上	10ノット	10ノット	12ノット
水中	4ノット	5ノット	7ノット
航続距離	―	10ノット／25マイル	水上1000浬／水中40浬
主機	ヘッセルマン電気着火燃料噴射式機関400馬力2基	ヘッセルマン電気着火燃料噴射式機関400馬力2基	ヘッセルマン電気着火燃料噴射式機関350馬力2基
電動機	75馬力電動機		
兵装	37㎜舟艇砲1門		37㎜舟艇砲1門、九八式20㎜高射機関砲5門
無線装置	船艇無線甲1基、ら号装置1基	船艇無線甲1基、ら号装置1基	船艇無線甲1基、ら号装置1基
乗員	22名		

◀前ページと同じく、沈降試験前の〇ゆ試作一号を正面から写したもの。セイル前方上部に記入された小さな日の丸に注意。右舷（画面向かって左）船首部分には大きな浮きドラムが付けられている。（写真提供／国本康文）

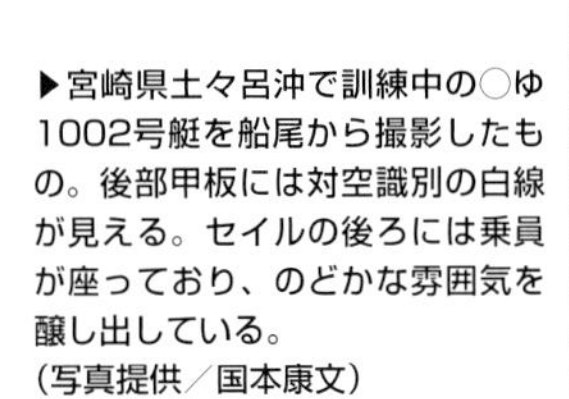

▶宮崎県土々呂沖で訓練中の〇ゆ1002号艇を船尾から撮影したもの。後部甲板には対空識別の白線が見える。セイルの後ろには乗員が座っており、のどかな雰囲気を醸し出している。
（写真提供／国本康文）

▲〇ゆ試作2号。安藤鉄工所で建造された第一船で、〇ゆ2001号艇といわれた。セイルの後ろに乗員休憩所があるのがわかる。なお、笠戸工場で作られた〇ゆは1000番台、安藤鉄工所で作られたものは2000番台の艇番号が付けられた。（写真提供／国本康文）

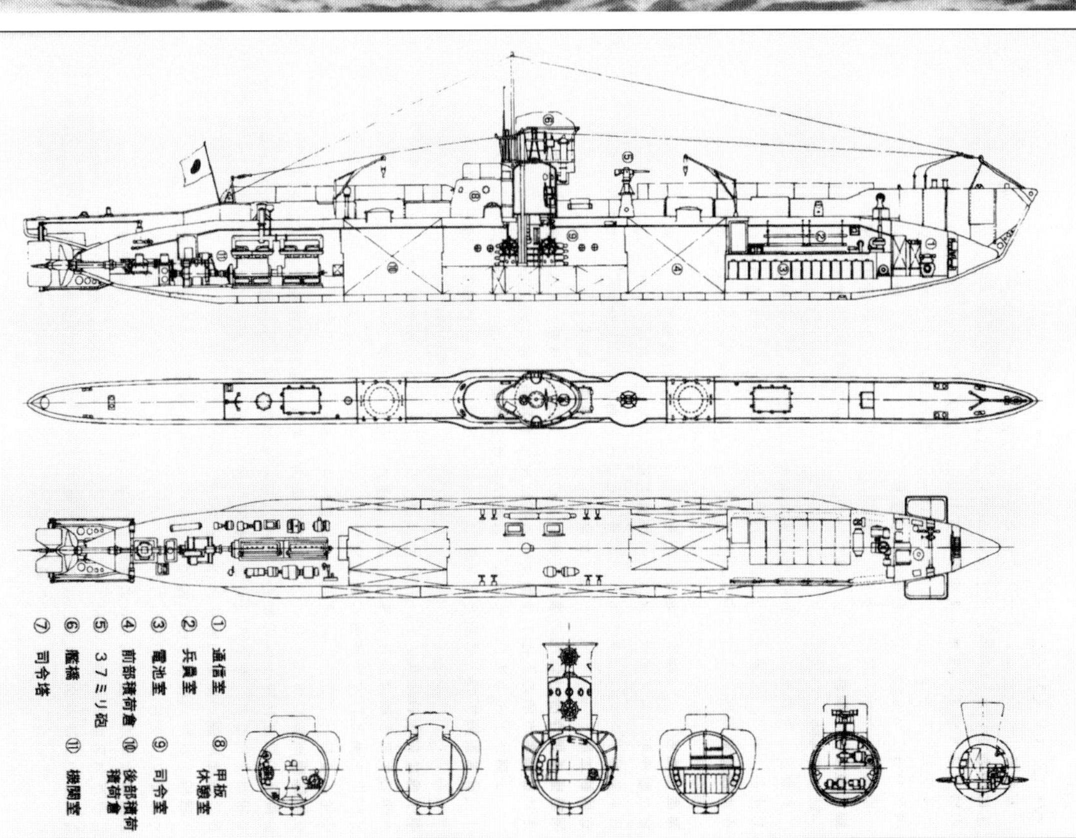

◀〇ゆ試作2号一般配置図。セイルと操縦室を挟み、前後に貨物室があり、甲板にハッチが1つずつある。自衛兵器は37㎜舟艇砲だけである。また、セイル後部へ乗員休憩所が設けられていた。（資料提供／国本康文）

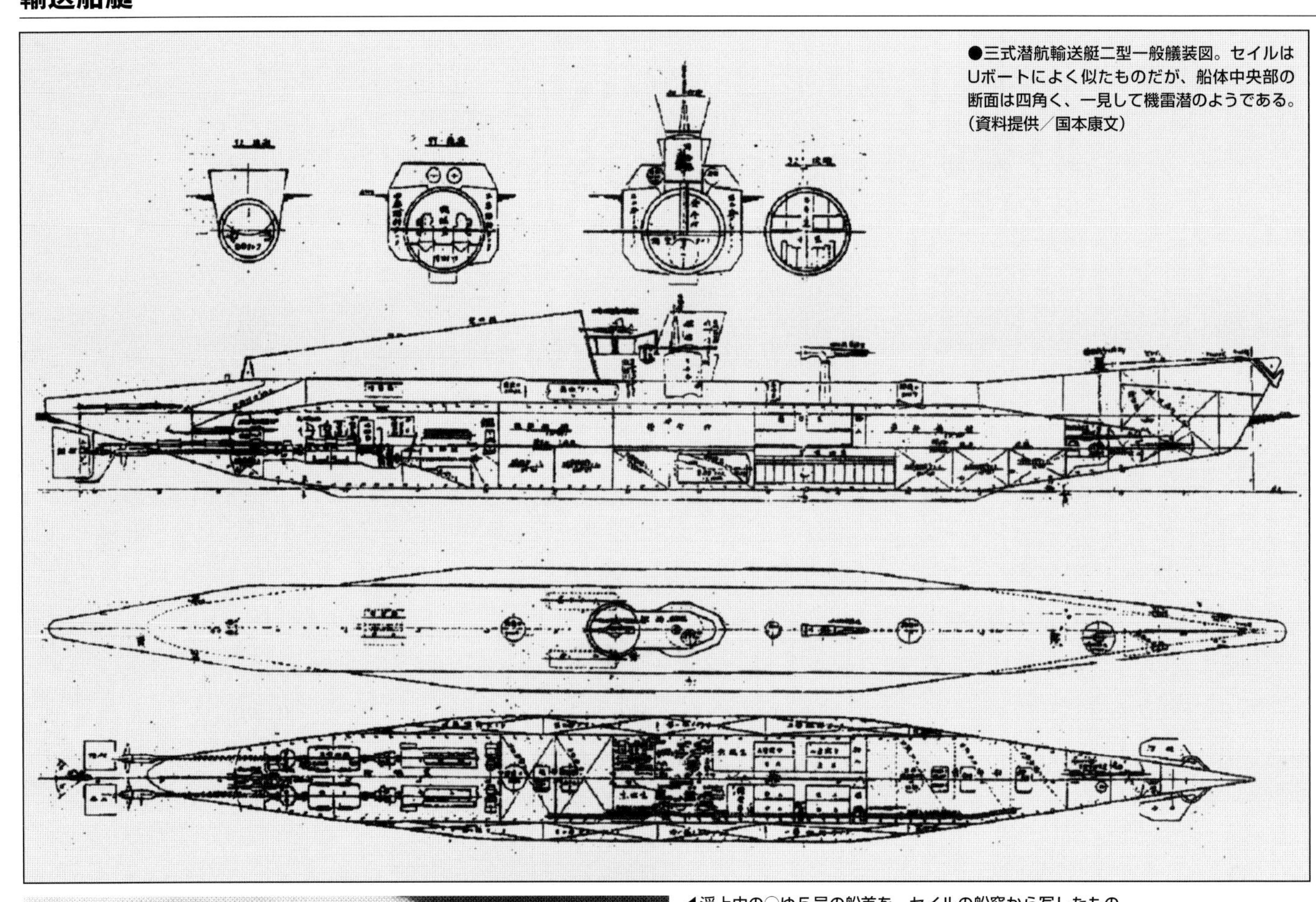

●三式潜航輸送艇二型一般艤装図。セイルはUボートによく似たものだが、船体中央部の断面は四角く、一見して機雷潜のようである。(資料提供/国本康文)

◀浮上中の○ゆ5号の船首を、セイルの船窓から写したもの。甲板は波に洗われており、37㎜舟艇砲と船首先端だけが顔を出している。(写真提供/国本康文)

▼左写真と同じく、浮上中の○ゆ5号の船首をセイルから撮影した1葉。対空識別標識の白線がはっきり確認できる。空中線の取り付け方法や、手摺りの構造に注意されたい。(写真提供/国本康文)

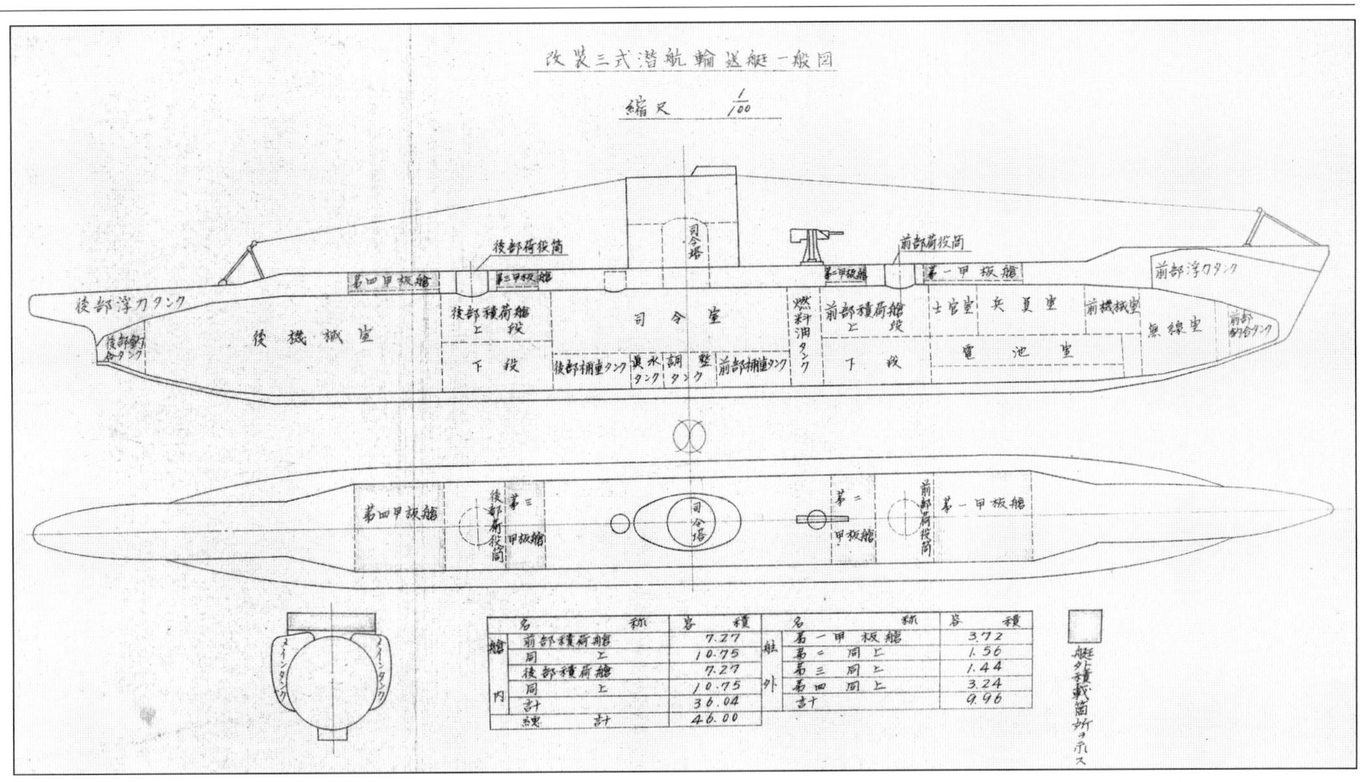

▲改装三式潜航輸送艇一般図。試作型と比べ、セイル形状が変更されているほか、甲板外に5tもの物資を積載できるように改良されている。図中でアミかけされている部分が貨物搭載箇所である。（防衛省戦史図書館所蔵資料）

▶戦後、愛媛県新居浜で住民と記念撮影をする◯ゆ23号の乗員たち。◯ゆ23号は三島への集合に間に合わず、米軍の命令によりここ新居浜で引き渡された。（防衛省戦史図書館所蔵写真）

◀◯ゆ比島派遣隊の2号艇将校らによる記念撮影。セイル上にいる左から福田中尉、青木少佐、尾形軍医、甲斐中尉。甲板上左から井上主計少尉、高泉中尉、植木艇長、辻本少尉、坂田航海長、大輪技術少尉、阿部中尉、宮崎中尉。手前しゃがんでいるのは小田機関長。（写真提供／国本康文）

▲終戦を迎え、新居浜で待機する○ゆ23号艇。前ページと同じ艇で、集結に間に合わなかった○ゆ23号艇は8月24日に三島へ入港した。その後、米軍の指示により新居浜へと移動したのである。図面と写真を見比べると○ゆ23号艇は改装三式潜航輸送艇であることがわかる。（防衛省戦史図書館所蔵写真）

▼○ゆ比島派遣隊は、無事に比島へ到着することができたが、○ゆ3号艇はリンガエン湾で故障し、自沈処分された。写真は上陸してきた米軍により発見されて引き上げられた同艇で、このののち調査のためハワイへ運ばれた。調査後、艦上構造物を撤去された船体は戦後もポンツーンとして使用され、ハワイに入港した海上自衛隊員たちにその姿を目撃されたという。（写真提供／国本康文）

第3章
護衛船艇

▲昭和7年（1932年）頃、宇品で重量試験中の装甲艇3号。起重機の吊り上げフックに取り付けられた四角い計測器をのぞき込む係員の姿が見える。（防衛省戦史図書館所蔵写真）

装甲艇

昭和2年（1927年）7月、上陸作戦の際に上陸舟艇を護衛すると共に、上陸地点の敵火点を殲滅するための艇の研究が開始された。前例がないため当初の研究は困難を極めたが、設計責任者の奮起と創意工夫で急ぎ設計がまとめられて年内に試作1号艇が完成し、「さきがけ」と命名された。

翌3年5月、支那事変の勃発に伴い、この試作1号艇は太沽へ派遣され太沽～天津間で商船護衛の任務に就いた。この任務中、水深の浅い河川で行動できない駆逐艦に変わって大いに活躍したこともあり、翌4年には改良型の研究が開始された。

昭和5年の始めには、航空機用発動機を主機とした試作2号艇が建造され「勝開」と命名。さらに昭和7年になると、大小発動艇と共同作戦を容易にするためとして、長さを伸ばし速力を増加、耐波・凌波性の向上を図って船型を改良するとともに、重量軽減のために電気溶接を採用した3号艇が建造された。昭和12年3月にはこれを範式として9隻が建造され、支那事変へ投入された。

そして昭和13年3月、支那事変の実績により以下の点が改良されることになった。

1. 長さを16.5mとする。
2. キールを幅600㎜の平板型にして擱座時に安定を保てるようにする。
3. 舷側主要部は4㎜防弾鋼板を2枚張り、また6㎜防弾鋼板とする。
4. 船首砲の位置をガンネルと同一の高さに上げるために船首楼型とし、船首楼に上がった水を早く排水できるようにキャンバーを350㎜とする。
5. 兵員室として前部甲板下を利用する。
6. 側部からの浸水を防ぐために、側部の出入りハッチを廃止し上部ハッチのみとする。
7. 各管の出口はできる限り上部へ設け、浸水を防ぐ。
8. 消音器を煙突上部へ付ける。
9. 兵装配置は以下の通り。

範式：船首・戦車砲1門、中央と船尾・八八式旋回銃1門
昭和13年：船首・廃止、中央と船尾・戦車砲各1門、操舵室両側・八八式旋回銃2門
昭和14年：船首・八八式旋回銃1門、中央と船尾・戦車砲各1門

その後も昭和15年頃までに数回の改修が繰り返され、15年度は搭載砲を戦車砲か機銃のどちらかの搭載に変更、相当数が建造されて中国戦線へ投入された。

この他、内海警備用にST艇と言われる小型の装甲艇が作られたが、こちらは資料がないためどのような艇かは実像がつかめない。

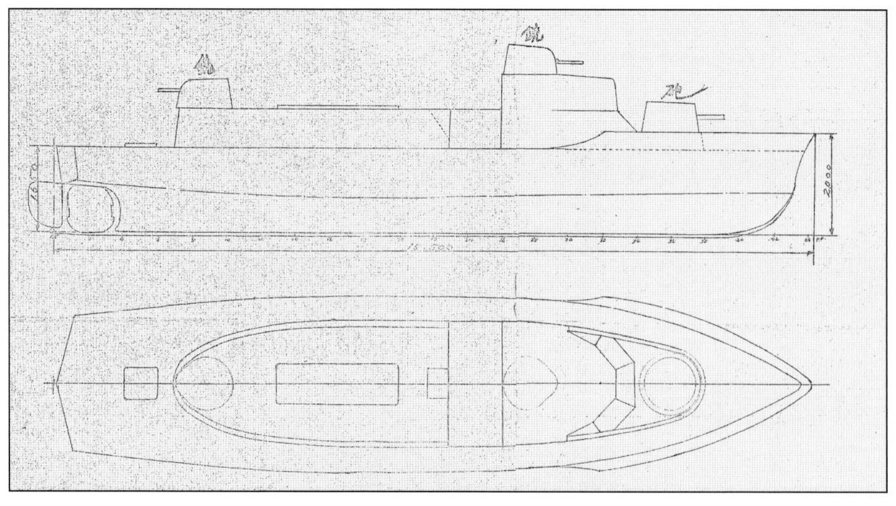

▲装甲艇大体図。3号艇と同じタイプで、船首に57㎜戦車砲、船橋上と船尾に連装機銃砲塔が配置されている。（防衛省戦史図書館所蔵資料）

◀進水した装甲艇1号「さきがけ」。上の3号と比べ、搭載兵装に違いがあることに注意。装甲艇1号は、昭和3年の北支事変で、河川を行き来する船舶の護衛に活躍した。（防衛省戦史図書館所蔵写真）

▼左ページ下に掲載した装甲艇大体図の断面。（防衛省戦史図書館所蔵資料）

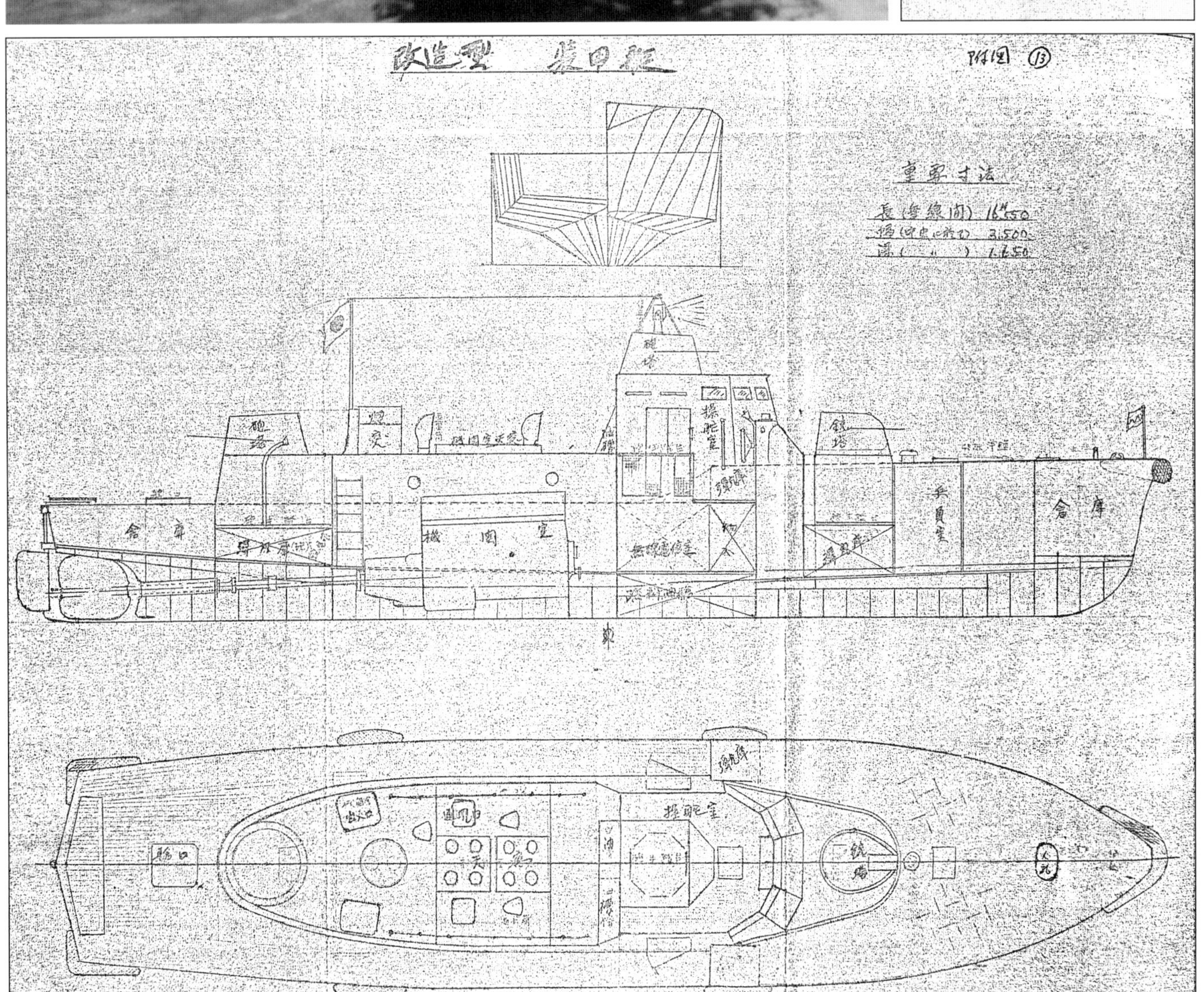

▲昭和12年になり、本図のように全長を1m延長した改良型が9隻建造された。船首の57㎜戦車砲は機銃砲塔に変更されている。（防衛省戦史図書館所蔵資料）

▶完成した3号艇の公試の模様を伝える1葉。全砲塔は防水キャンパスで覆われている。中央と後部の機銃砲塔には四脚マストが装備され、空中線が展張されているのがわかる。（防衛省戦史図書館所蔵写真）

▲カメラマンの乗った舟艇の航跡を横切ろうとする装甲艇3号。こうして前方から見ると、船首部の戦車砲塔と船橋上の機銃砲塔の大きさの違いがよくわかる。（防衛省戦史図書館所蔵写真）

▼57㎜戦車砲塔を船橋から撮影したもの。戦車砲とはいえ、砲塔は装甲艇用に新設計されたもので、出入り口ハッチ砲塔後部にあり、写真のように上にも開くハッチがあった。砲塔天井にはハンドレールがあり、広い部分を歩く際に持つのだろう。（防衛省戦史図書館所蔵写真）

◀船橋上の八八式連装機銃砲塔。左90度へ向けられて射撃姿勢を取ったところ。砲塔上部に突き出たペリスコープや、銃身基部に取り付けられた防弾板が見える。（防衛省戦史図書館所蔵写真）

▶こちらも左90度へ指向された船尾の機銃砲塔。ここのマストも四脚構造であることがわかる。キャンバスのためわかりづらいが、砲塔形状は中央部、後部とも同じと考えられる。（防衛省戦史図書館所蔵写真）

▲同じく航行する3号艇を撮影したもの。撮影日が違うらしく、各旗竿に掲げられた日の丸や旗の位置が異なっていることに注意されたい。船橋後ろから乗員が上半身を出して、手旗信号中であるのも興味深い。（防衛省戦史図書館所蔵写真）

◀前ページと同じく3号艇の船橋上の機銃砲塔を後方から撮影。射撃のためにかキャンバスが半分めくり上げられているため、砲塔前半部のディテールがよくわかる。（防衛省戦史図書館所蔵写真）

▼キャンバスを外した機銃砲塔。砲塔後面にあるハッチが開けられた状態である。なお、四脚マストが付いていないため、装甲艇3号のものではないようだ。（防衛省戦史図書館所蔵写真）

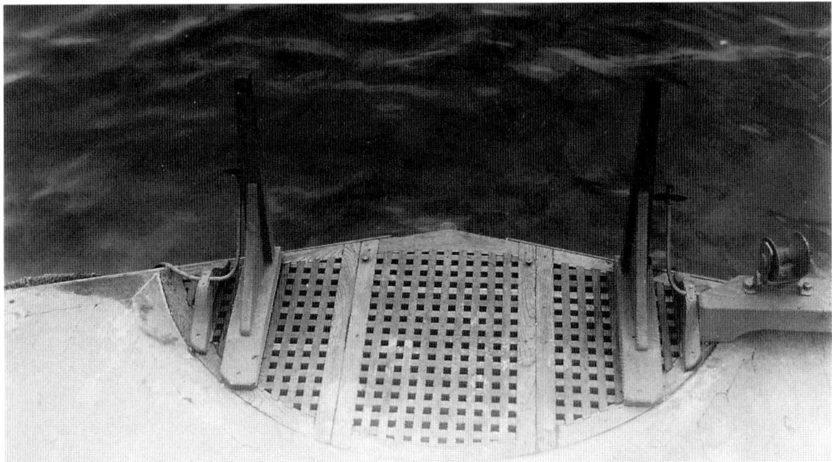

◀船尾中心に設けられた煙突上のグレーチング。排煙の煤で一部が黒くなっている。ここから煙幕を排出することもできると思われる。（防衛省戦史図書館所蔵写真）

▼雨笠に雨ガッパという格好で作業中の乗員。甲板の開放部から煙が出ているため、排煙関係の機器の調整中だろうか？（防衛省戦史図書館所蔵写真）

装甲艇 要目

	3号艇	改型
全長	15.5m	16.5m
幅	3.5m	3.5m
深さ	1.65m	1.65m
吃水	1m（空船）	
自重	16.5 t	
満載排水量	18 t	
吃水	（満載）1m	
速力	14ノット（空船）	
航続時間／距離	10時間／140浬	
機関	350馬力水冷式無気噴射式6気筒ディーゼル1基	
回転数	750回転	
機関重量	4000kg	
発電機	空気圧式35kg	
蓄電池	100v2個	
乗員数	13名	
兵装	57㎜戦車砲1門、八八式旋回機銃2門（砲熕兵器は艇又は建造年代によって違う）、煙幕装置一式	

▲試験の前に撮影されたものか、あとに撮影されたものか不明だが、多くの乗員が乗り込もうとしている装甲艇（左奥）と高速艇甲（右手前）。あるいはこの高速艇甲にカメラマンが乗り込んで一連の写真記録がなされたのかもしれない。（防衛省戦史図書館所蔵写真）

▼こちらは支那事変の際に撮影された装甲艇。手前は7号艇とわかるが、奥は不明。兵装は3号艇と同様なので同型式のものといえるが、前部マストがない。（防衛省戦史図書館所蔵写真）

▲輸送船より降ろされた直後の高速艇甲5号。多少ブレているが、船首上の風取り、前部甲板、船橋などのディテールがよくわかる1枚である。（防衛省戦史図書館所蔵写真）

高速艇 甲／乙

高速艇甲

大正15年（1921年）3月、イギリスからソニークラフト魚雷艇を1隻購入し、「稲妻」と名付けた日本陸軍は高速艇の研究を開始した。

この時に購入した魚雷艇は全長が10.6 mであったが、研究の結果12 mから13.7 mと伸ばしたものが範式として決定された。当初、建造は機密保持のため陸軍が行なっていたが、支那事変が勃発すると緊急整備のために民間へ委託された。なお、建造開始当初は3号艇「飛龍」、4号艇「吹雪」、5号艇「神風」、6号艇「鳴神」と船名が付けられていた。

高速艇甲はその高速を生かし、上陸地点の事前偵察や強行偵察などに使用された。

その後、特高用に改良されたものが、昭和14年3月に完成した。この艇の全長は18.3 mである。

高速艇乙

現在使用されている伝令艇は、使用目的によってその形式が雑多となり、寸法、形式、速力、搭載量などで問題視されることがあったため、これらを同一規格艇で統一するための研究が、昭和2年3月より開始された。

大正15年に輸入購入されたソニークラフト魚雷艇の影響により高速力が要求され、上陸戦用の艇は不適格とされた。

昭和5年7月、形式決定のために角型か丸型か、鋼製、木製かの議論が行われ、木製丸型と鋼製角型を各1隻が製作され実験した結果、鋼製角型が良好で、角型の鋼製と木製の二種類を採用した。

その後の昭和6年4月、波上における安定性を向上させるために幅を広げ、乾舷を高くした形式が案出され、さっそく建造された。実用試験の結果、良好な成績を収め、これが採用され現式となる。昭和7年9月には、建造方法が改善され全電気溶接建造が採用された。

	高速艇甲	高速艇乙
全長	14.42m	11m
幅	2.74m	2.43m
吃水	0.7m（満載）	0.75m（満載）
船体重量	7.2ｔ	4.5ｔ
速力	37ノット（空船）	13ノット（満載）
航続距離	223浬	65浬
機関	400馬力12気筒 ディーゼル1基	100馬力6気筒 ディーゼル1基
回転数	1800回転／毎分	1000回転／毎分
機関重量	875kg	乙1100kg
発電機	ユシソホ	乙24v×130w
蓄電池	6v120A2個	6v20AH4個
乗員数	4～5名	4～5名
搭載兵員	8名	8名

▲昭和初期、スリップフック試験中の高速艇甲を上方から撮影したもので、最高速で左へ左へ旋回中のところ。船橋後半部はオープンであり、乗員が舷側をいためないようにするための長い竿を持っている。（防衛省戦史図書館所蔵写真）

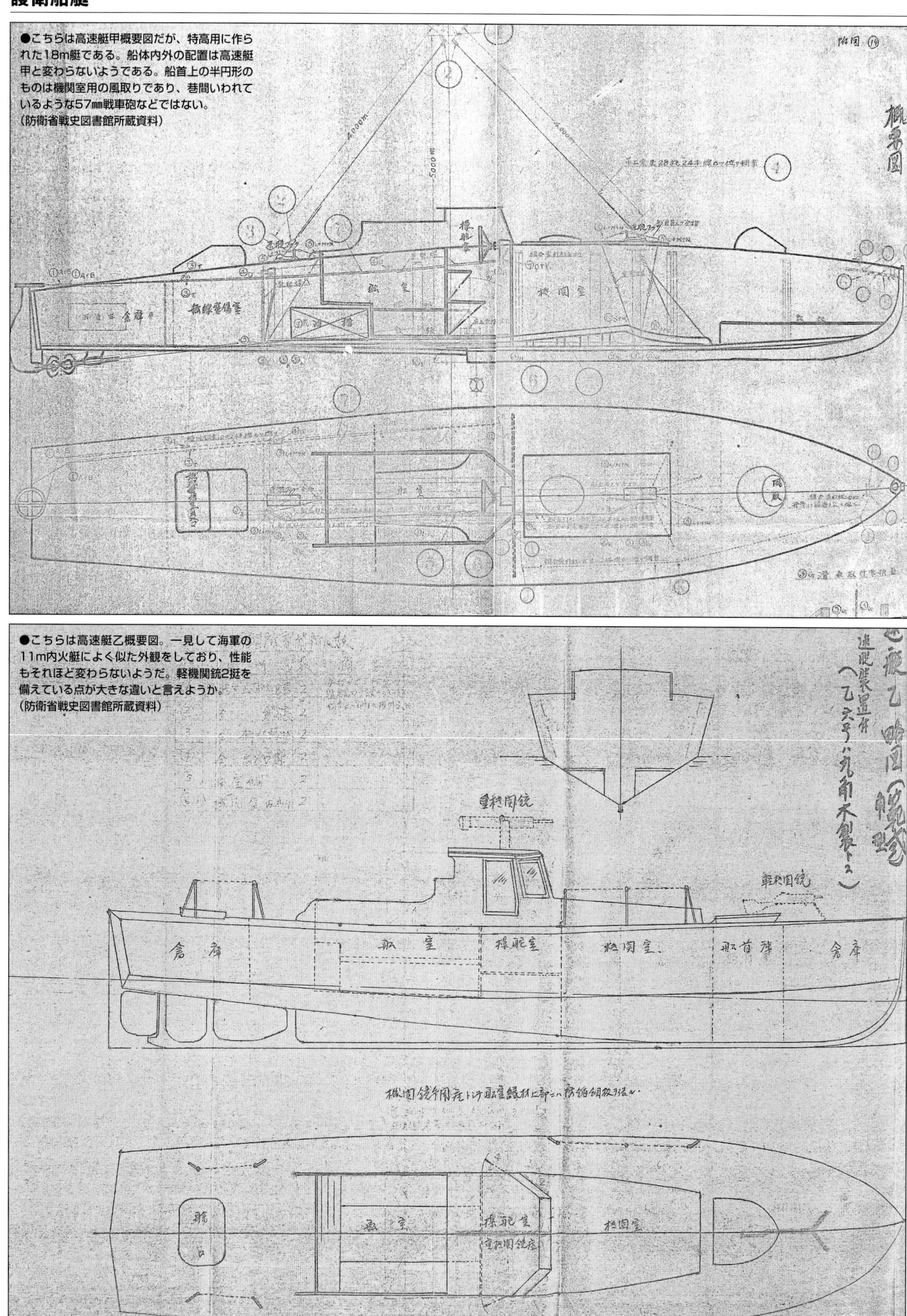

●こちらは高速艇甲概要図だが、特高用に作られた18m艇である。船体内外の配置は高速艇甲と変わらないようである。船首上の半円形のものは機関室用の風取りであり、巷間いわれているような57mm戦車砲などではない。
(防衛省戦史図書館所蔵資料)

●こちらは高速艇乙概要図。一見して海軍の11m内火艇によく似た外観をしており、性能もそれほど変わらないようだ。軽機関銃2挺を備えている点が大きな違いと言えようか。
(防衛省戦史図書館所蔵資料)

◀昭和3年3月に進水した高速艇3号「飛龍」。船首に記入された船名やその付近の割れたくす玉、船名の垂れ幕が興味深い。この頃の高速艇甲はまだまだ実験段階にあり、各艇の形状が少しずつ違っていた。
(防衛省戦史図書館所蔵写真)

▶桟橋に繋留された同じく高速艇甲3号「飛龍」。船体と船橋の色が違うのが読み取れる。マストには国際信号旗が掲揚されている。船首の船名の前方に陸軍所属を表す"M"字マークが記入されている。
(防衛省戦史図書館所蔵写真)

◀全速で航走する高速艇甲の前部甲板右舷から後方を撮影したもの。やや不鮮明だが、画面右に船橋の一部が写っており、乾舷に作業用の歩板が吊られたままであることがわかる。
(防衛省戦史図書館所蔵写真)

▲全速航走中の高速艇3号「飛龍」。400馬力ディーゼルエンジンにより37ノットもの高速を発揮できた。また、偵察任務に使用するため協力な通信設備を持っており、その空中線（アンテナ線）がマストに張られているのがわかる。
（写真提供／H.P.S）

▶こちらは「船台を滑り降りた高速艇甲4号「吹雪」。船体形状は3号と同じようである。船上にいる人物は民間人のようで、あるいは造船所の関係者かもしれない。（写真提供／H.P.S）

▲昭和7年頃、宇品沖で速力試験を行なう高速艇5号。3号や4号と比べ、船橋が小型化されていることがわかる。このためもあってか、船首上の機関室風取りが目立っている。（防衛省戦史図書館所蔵写真）

▲完成した五式大護衛艇二型。「◯ゆ」艇と同じ160馬力ヘッセルマンエンジンを2基搭載して12.5ノットを発揮する。船首の75㎜舟艇砲が目立ち、中央部に連装機関銃も見えるが、船尾のものは確認できない。（防衛省戦史図書室収蔵写真）

大護衛艇

小輸送艇の援護を主目的とした護衛艇が必用となり、小護衛艇よりも外洋へ出られるものとして、昭和20年1月末から研究開発が開始された。

鋼製のものが希望され研究を開始したが、当時材料は戦時標準船と海軍艦艇の建造に使われており、陸軍船艇の量産に回せるものがなく、また建造が急がれていたため、とてもこの艇の量産は期待できないこともあり、木製のものも平行して研究が行なわれた。

エンジンは、当時量産を中止していた装甲艇のものが十分あるため、これを使用することになった。また、量産中の三式潜航輸送艇のものも十分あったので、この両方を使うことが決定した。装甲艇の350馬力ディーゼル2基を付けたものを一型、三式潜航輸送艇の160馬力ヘッセルマンエンジンを2基付け、船体が一回り小さいものを二型とした。設計は第十研究所と日産造船所、東洋造船所で行なわれた。一型、二型ともに船体は船舶安全法木造船規格に準じて作られたが、以下の点は変更された。

【一型】
1．縦通材の寸法を増大した。
2．助骨は二材合わせとして､心距を400㎜とした。

【二型】
1．助骨を欅製蒸し曲げ助骨とし、心距を200㎜とした。
2．内張板を廃止し縦通材数を増した。
3．天然梁曲材を廃止し合板製肘板を採用した。
4．船底包材を廃止した。

一型は､昭和20年2月中旬から基本設計を開始し、その月の下旬には完成させ、次に細部設計を3月中旬に開始し、またもその月の下旬には完成させるというスピードであった。4月中旬より試作艇の建造を開始し6月下旬には完成、25日から28日の間に実用試験が行なわれ、性能良好として採用された。

一方、二型は昭和20年2月上旬に基本設計を開始し、約一ヶ月で完了。続き3月上旬から細部設計を開始し、こちらも約一ヶ月で完了させた。5月下旬から試作艇の建造を開始し、6月下旬に完成。23日から28日の間で実用試験が行なわれ、若干改修が必要であるが概ね良好として採用されたのである。しかし、両型とも終戦までに量産されることはなかった。

兵装は、7糎半（75㎜）舟艇砲と20㎜高射機関砲を主体とし、打ち上げ筒も装備した。これは落下傘付きの爆薬を打ち上げ、これに飛行機が触れると爆発するもので、これをたくさん打ち上げておけば、敵機の攻撃を妨害できると言うわけである。どのくらいの効果があったのかは不明である。

大護衛艇一型 要目

全長	28.55m
幅	4.35m
深さ	2.4m
排水量（満載）	90t
吃水（満載）	1.5m
最大速力	13ノット
常用速力	12.5ノット
航続日数	約6日
主機関	350馬力水冷ディーゼルエンジン2基
最大出力	385馬力
兵装	7糎半舟艇砲1門 20㎜高射機関砲2門 打上筒4門以上 爆雷投下器2個 爆雷12個 船艇無線機甲一式 車両無線機丙一式 発煙装置一式

大護衛艇二型 要目

全長	26.83m
幅	4m
深さ	2.25m
排水量（満載）	60t
吃水（満載）	1.17m
最大速力	12.5ノット
常用速力	12ノット
航続日数	約6日
主機関	ヘッセルマンエンジン2基
最大出力	320馬力
兵装	7糎半舟艇砲1門 20㎜高射機関砲2門 打上筒4門以上 爆雷投下器2個 爆雷12個 船艇無線機甲一式 車両無線機丙一式 発煙装置一式

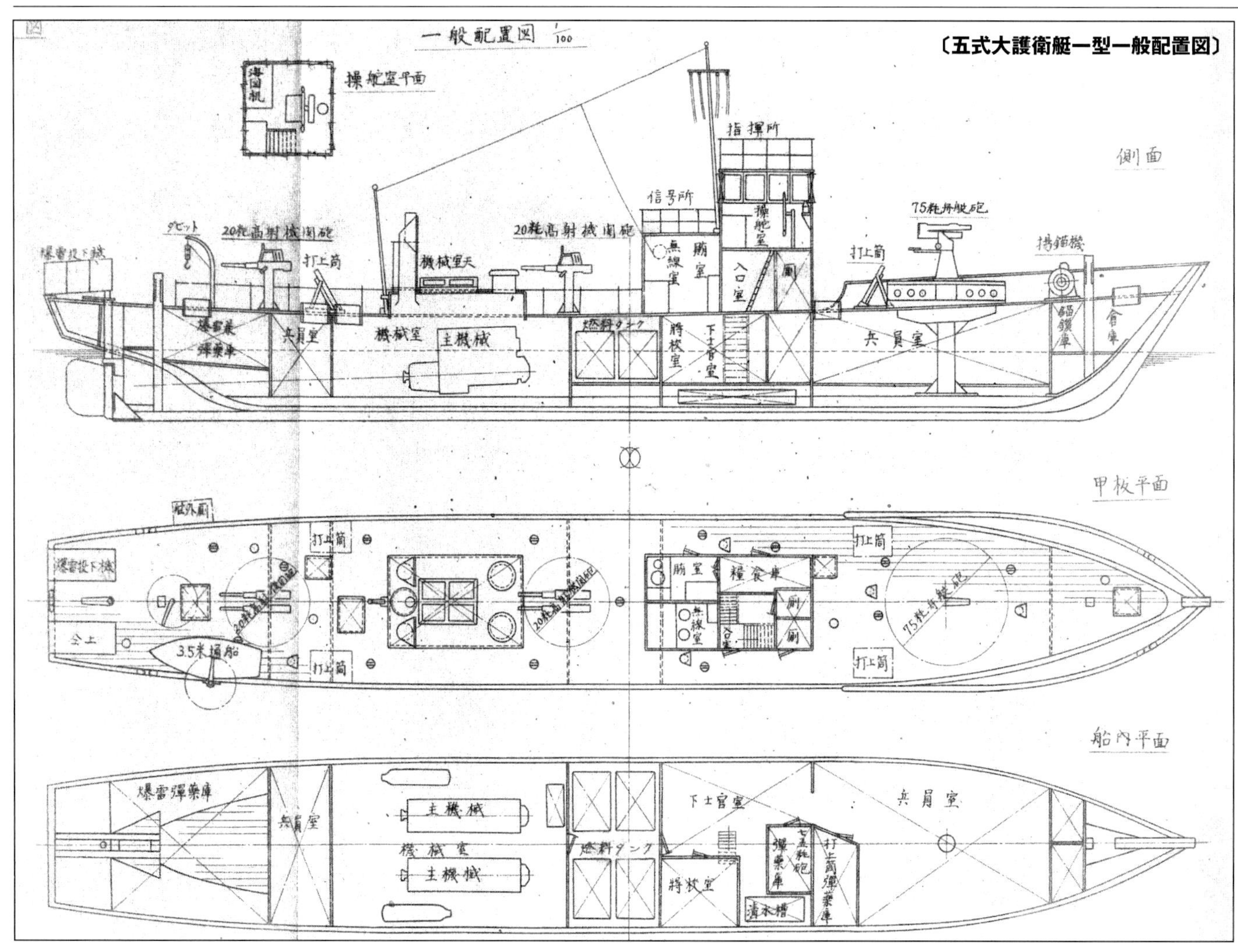

〔五式大護衛艇一型一般配置図〕

▲船内の前半分は兵員室、下士官室、将校室と居住区で占められ、中央は燃料タンク、その後ろに機関室、船尾は爆雷格納庫になっている。武装は75㎜舟艇砲1門、20㎜連装高射機関砲2基、打ち上げ筒4門であり、物足りない感じである。(防衛省戦史図書室収蔵写真)

▶五式大護衛艇一型を右舷真横から見る。完成したばかりで、まだ各種兵器が未搭載なので乾舷が高くなっている。あるいは陸軍へ引き渡される前の姿かもしれない。機関室上部の吸気筒が、上掲の図面よりも前方にあるようである。(防衛省戦史図書室収蔵写真)

◀建造中の五式大護衛艇一型を撮影した貴重な1枚。船首左前から撮影されたもので、木製フレームがなだらかな流線型を形成していることがわかる。(防衛省戦史図書室収蔵写真)

▶左写真と同じく建造中の様子を伝えるものだが、こちらは船尾フレームを成型する作業を撮影したもの。(防衛省戦史図書室収蔵写真)

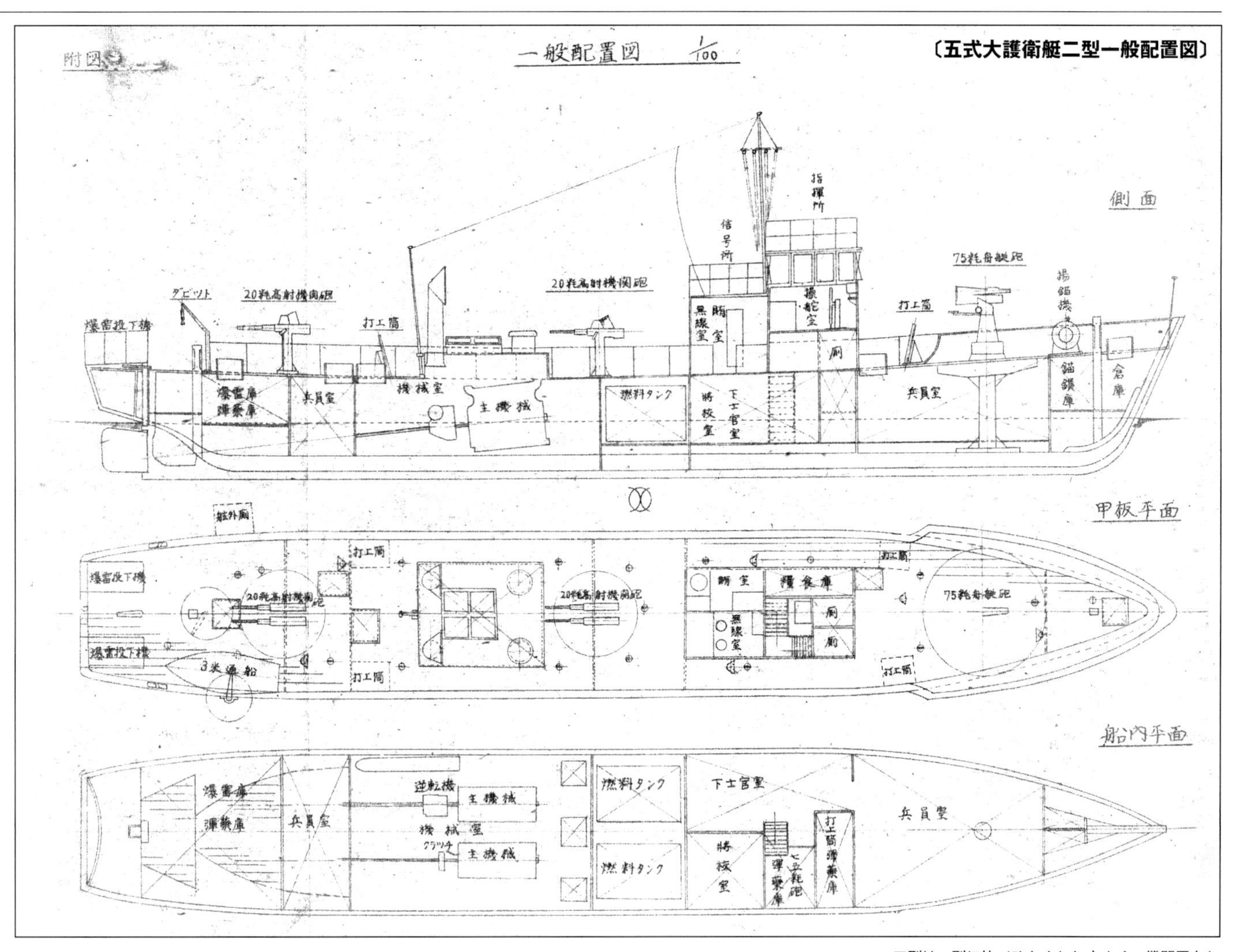

〔五式大護衛艇二型一般配置図〕

▲二型は一型に比べひとまわり小さく、機関馬力も半分になったが、速力は0.5ノットしか低下していない。左ページの図面と見比べても、船体構造や基本配置は同じであるのがわかる。（防衛省戦史図書室収蔵写真）

◀完成した五式大護衛艇二型。引渡し後の撮影なのか船首の75㎜舟艇砲や中央部の20㎜連装高射機関砲が搭載されているのが確認できる。ただ、船尾の20㎜連装高射機関砲は確認できない。（防衛省戦史図書室収蔵写真）

◀大護衛艇の船橋内の写真。中央に舵輪、その奥には磁気コンパスがあり、右側には左右主機用のテレグラフが配置された、すっきりした感じである。（防衛省戦史図書室収蔵写真）

▶カメラをやや右方向に向けて船橋右舷後部を撮影。左に主機用テレグラフが写りこんでいることに注意。ここには海図台が置かれ、壁面に配電盤が設けられていたのがわかる。配電盤には大小2種類のスイッチのうち、大きいものはメインスイッチで、小さいものは各機器用と思われる。（防衛省戦史図書室収蔵写真）

▶完成した五式大護衛艇二型を左後方から撮影。この角度から見ると船尾に装備された爆雷投下器の大きさが目立つ。船体外板の張りかたも確認できるが、本写真でも船尾の20㎜連装機関砲が見えず、未装備のようだ。（防衛省戦史図書室収蔵写真）

◀大護衛艇の船首に搭載された75㎜舟艇砲。その外観はかなり旧式感のある砲といえる。支筒は四角い簡易型をしており、左側面のハンドルは砲の俯仰用、後方のハンドルは旋回用である。（防衛省戦史図書室収蔵写真）

▶船首の75㎜舟艇砲を船橋から撮影。船首の平面形や砲座の構造がよくわかる1枚である。砲座中心の前方にはキャプスタンがあり、操作範囲に食い込んでいる。（防衛省戦史図書室収蔵写真）

▼ほぼ真横の、左舷の少し高い位置から撮影された75㎜舟艇砲。こちらにはキャプスタンが写っていない。（防衛省戦史図書室収蔵写真）

▲船首内を撮影。中央に見えるのが75㎜舟艇砲の支筒であり、強度を保っている。（防衛省戦史図書室収蔵写真）

▼船橋の後ろにあった無線室内。船舶無線機と車両無線機丙の2種類が装備されていた。（防衛省戦史図書室収蔵写真）

▶ヘッセルマンエンジンと船体側板を写したもの。木造の船体構造がよくわかる。中央に見えるのはコンプレッサー。（防衛省戦史図書室収蔵写真）

◀左舷ヘッセルマンエンジン。1基で160馬力を発揮した。（防衛省戦史図書室収蔵写真）

▶エンジンの後ろにあった逆転機（右）とコンプレッサー（左）。（防衛省戦史図書室収蔵写真）

小護衛艇

太平洋戦争中期になると、南方諸島への輸送にはラバウルを基点に舟艇が使用されるようになったが、これらに敵の魚雷艇が攻撃を仕掛けてくるようになり、当初は大発の船首に機関銃や対戦車砲を積み、歩み板を水平に下げ魚雷艇に対抗していたが、いよいよこれを護衛するための艇が必要になった。

それには装甲艇に準じた防御力と火力を持ったものがいいが、装甲艇は外洋航洋性に乏しく、また生産も間に合わない。そこで、構造が簡単で大発動艇が建造できる造船所ならどこでも作れる護衛艇の研究を、昭和19年1月に日立造船所（株）桜島造船所に依頼した。また、機関の選定も行なわれ、150馬力2基と60馬力2基を搭載する二種類を開発することになった。前者を「波号戦闘艇（せは艇）」、後者を「仁号戦闘艇（せに艇）」という。

2月から設計を開始し、5月には仁号戦闘艇の設計を終えると、10月には大原造船所で建造されていた試作艇が完成。ところが、実用試験を行なうと陸軍側の速力12ノット以上との要求に対し9ノット以上出ないことがわかり、改善は困難と判断されたため仁号戦闘艇は破棄され、波号戦闘艇だけでいくこととなった。

波号戦闘艇は、昭和19年1月下旬から一型の研究が開始され、2月上旬には設計を開始。しかし、一型は設計中止となり、二型の設計を促進した。4月上旬、二型の設計が完了すると、中止されていた一型の設計が再開され、8月中旬に設計を完了した。9月上旬から大原造船鉄工所堺工場で試作の建造が開始され、12月中旬に一型試作艇が完成した。21日から23日で実用試験が行なわれ、一型は二型よりも2.5ノットも速力が出て諸性能も良好であるため実用に適すると判断されたが、船型を改良すればもっと速力が出るという見込みがあり、研究が続行された。

昭和20年1月29日、一型の速力を全装備で最高13ノット以上、巡航12ノット以上とし、兵装は57㎜舟艇砲1門、20㎜双連高射機関砲2基に変更し、船型の研究が開始された。2月下旬には船型が決定され、3月上旬に設計を開始、4月上旬に大原造船鉄工所堺工場で第二次試作艇の建造を開始され、7月上旬に完成した。

8月2日から5日の間で実用試験が行なわれ、計画通り満載状態で13ノットを記録し関係者を欣喜させ、8月上旬研究を終了した。これを小護衛艇という。

船型はV型排水艇で極力直線形とし、製造の簡易化を図った。また外板は薄鋼板の全電気溶接とし、肋骨の心距を大きくし縦通材で強度を持たせる構造とした。これは大発を製造している日立造船所（株）の意見に基づいたものである。船体内には防水隔壁を4枚設け、被弾しても被害を極限するようにした。防御は、操舵室外板だけ防弾鋼板を張り付けた。また、操舵室の天井を貫いた指揮所を設け、艇の指揮を容易にした。

機関は、船用四式130馬力ディーゼルエンジンを2基搭載。これは当初120馬力を目標に開発したものだが、最高出力150馬力も無理なく出せる優れたものであった。

なお、本艇には当時糧秣支廠で研究していた、エンジンの排気で飯盒炊事が出来る装置を取り付けており、エンジン1基で2個の飯盒を20分で炊くことができた。

	小護衛艇	波号戦闘艇二型
全長	23m	18m
幅	3.5m	3.5m
深さ	1.8m	1.7m
排水量（満載）	28.870 t	25.170 t
吃水（満載）	0.927m	0.93m
速力（満載）		
最大	13ノット	12.2ノット
常用	12ノット	11.7ノット
航続時間	100時間	150時間
機関	船用四型130馬力ディーゼルエンジン2基	同左
最大出力	150馬力（1500回転／毎分）	同左
常用出力	130馬力（1330回転／毎分）	同左
兵装	57㎜舟艇砲1門、四式基筒双連20㎜高射機関砲2基、爆雷投下器2基	四式基筒双連20㎜高射機関砲2門
その他	船舶無線機甲一式、車輌無線機一式、ら号装置一式、載送船搭載可能	同左

〔小護衛艇概要図〕

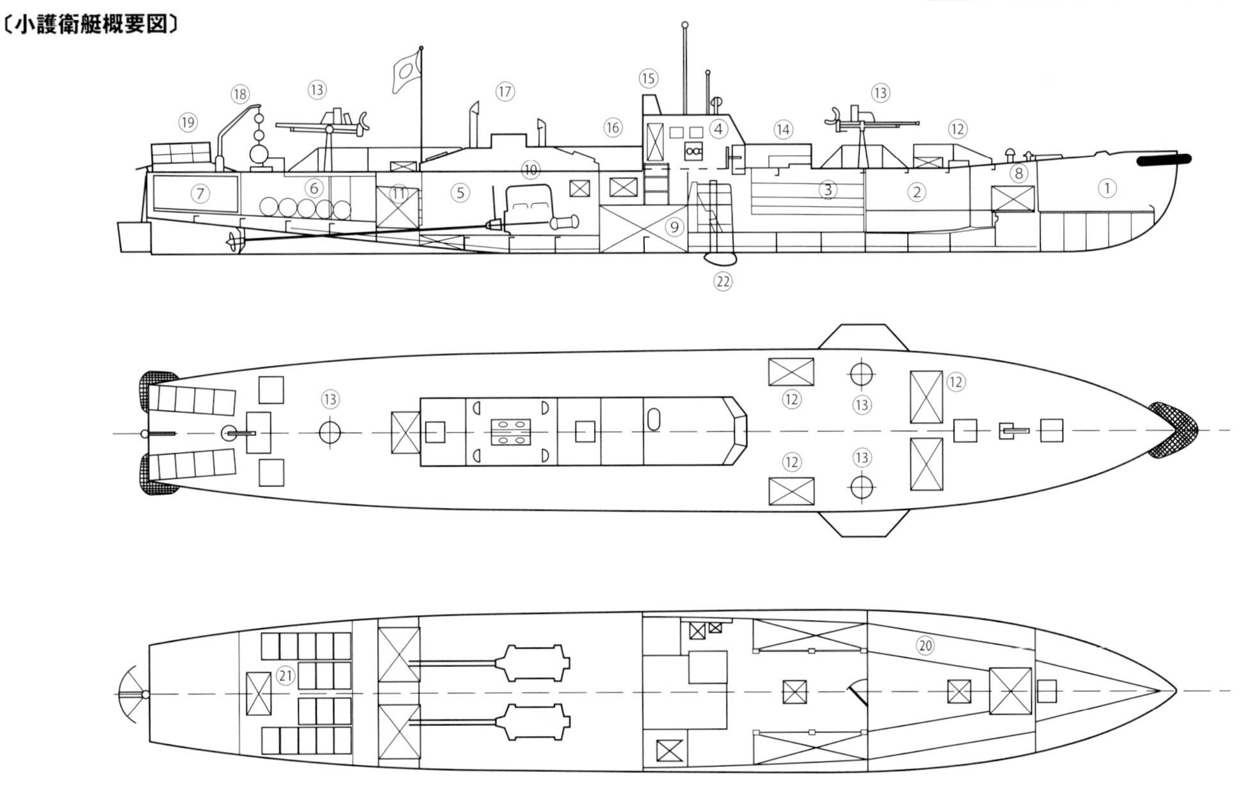

●いかにもスピードを出せそうな魚雷艇型の船型が目をひくが、実際の最大速度は大護衛艇と同様、13ノットであった。船内配置も前から兵員室、弾薬庫、燃料タンク、主機、爆雷庫と、大護衛艇とほぼ同じであるのがおもしろい。

駆逐艇カロ

昭和16年（1941年）始めごろから、陸軍運輸部では上陸作戦の際に輸送船の泊地で駆潜を行なう高速艇を研究することとなった。

その要件は以下の通りであった。

構造　木造、外板二枚張り
船型　V型半滑走艇
全長　18ｍ、幅　4.1ｍ、深さ　1.9ｍ
主機　航空用八九式800馬力ガソリンエンジン３基
巡航機関　60馬力過ガソリンエンジン１基
速力　最高42ノット、巡航８ノット
兵装　20㎜高射機関砲１門、機関銃１丁、爆雷投下器２基

ところが、太平洋戦争中期になると制空権を奪われ、とくに南方海域では大型輸送船の行動が極めて危険となり、大発などの小型舟艇で補給を行なわざるをえない状況となったが、これを敵の魚雷艇が攻撃してくるため、本艇の任務は対魚雷艇戦闘に変更されることとなった。

本艇は、昭和16年中頃から運輸部内の工場で試作に取りかかっていたが、それが完成しないうちに20隻程度の製造内令が発せられ、各所の造船所に発注内示した。

そんななか、横浜ヨット工作所より「4㎜耐水ベニヤを2枚張りにすることにより、重量を軽減でき、また船型を改良すれば2基のエンジンで37ノットは出せる。この案で試作したい」との申し出があり、それを了承し別途試作させることとなった。

試作艇は、入念に船型模型試験が行なわれたのち、昭和18年3月下旬に起工、7月下旬に進水、8月2日に完成した。実用試験では予定通りの37ノットを出し性能もよかったが、上記のように目的が変わったため、兵装も強化されることになった。

12月に完成した第二次試作艇は横浜ー沼津間で航走試験が行なわれ、波高1.5mでも波と平行に走れば高速が出せることがわかり採用され、第二次試作艇を第一型式とした。また、同じ船体で空冷エンジンを搭載したものが昭和19年7月に作られ、7月24日から27日までの4日間実用試験が行なわれた。機関の冷却用送風機に約18%の動力が消費されること、そしてエンジンの馬力が少ないため26

〔駆逐艇カロ要目表〕

	一型	二型	三型	四型
全長	18m	同左	同左	同左
幅	4.3m	同左	同左	同左
深さ	2m	同左	同左	同左
排水量（満載）	18.15ｔ	21ｔ	同左	14ｔ
燃料搭載量	1.8ｔ	ー		1.5ｔ
速力	37ノット	25.7ノット	30ノット	40ノット
航続力	180浬	ー	180浬	ー
機関	九八式800馬力航空ガソリンエンジン	650馬力空冷航空ガソリンエンジン	九八式850馬力航空ガソリンエンジン	同左
基数	2基	2基	2基	2基
軸馬力	1600馬力	1100馬力	1500馬力	同左
軸数	2	2	2	2
兵装	九八式20㎜高射機関砲2門、爆雷投下器2基、爆雷10個、発煙筒2本、船艇無線機甲一式、ら号装置一式	37㎜舟艇砲1門、九八式20㎜高射機関砲1門（その他は一型と同じ）	同左	九八式20㎜高射機関砲2門、爆雷投下器2基、船艇無線機甲一式、ら号装置一式
乗員	13名	ー	ー	ー

〔駆逐艇カロ一型概要図〕

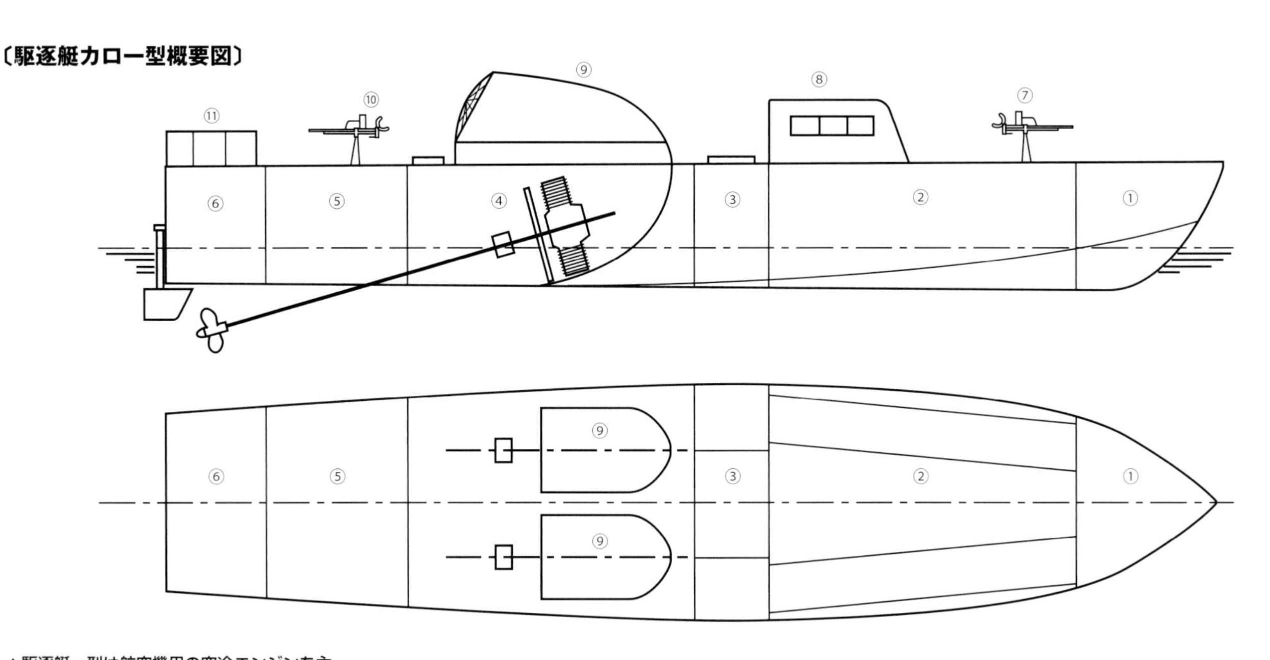

▲駆逐艇一型は航空機用の空冷エンジンを主機にしたため、甲板上には巨大な吸気筒を必要としたが、最高速は37ノットもの高速を発揮した。海軍はカロを元にして乙型魚雷艇を開発したといわれる。

①倉庫
②兵員室
③無線、ら号室
④機関室
⑤弾薬、爆雷庫
⑥舵器室
⑦20㎜高射機関砲
⑧操舵室
⑨風胴
⑩20㎜高射機関砲
⑪爆雷投下器

〔駆逐艇カロ二型概要図〕

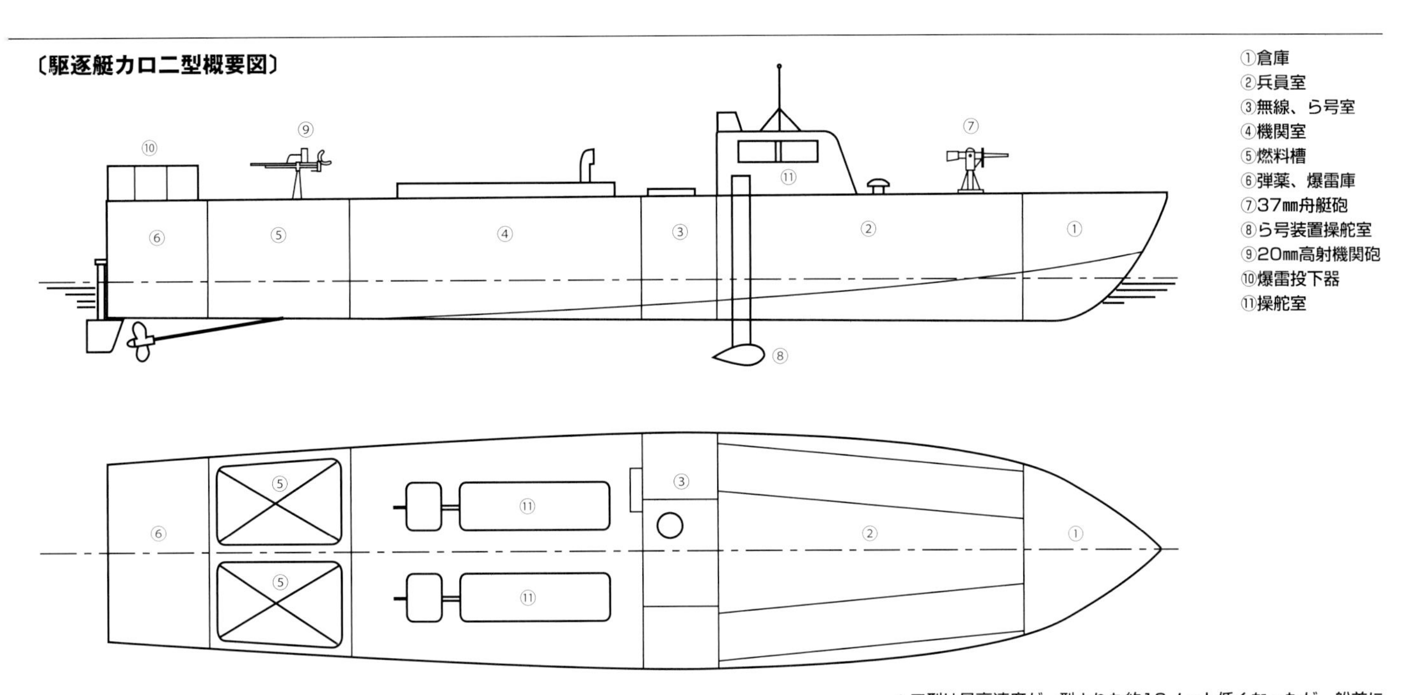

▲二型は最高速度が一型よりも約10ノット低くなったが、船首に37㎜舟艇砲を搭載するなど兵装が強化されたタイプだった。ら号装置とは海軍でいう探信儀（音波を発信してその反射波により敵潜水艦を探すもの）の一種である。

ノットしか出せなかったが、これを第二型式として採用した。この２種は沖縄や台湾へ送られ使用されたという。

第二型式の完成より１ヶ月さかのぼる６月、エンジンを九七式850馬力航空空冷エンジン２基にした試作艇が完成し、30日より７月４日までの間、実用試験が行なわれた。馬力が第一型式よりも大きいこともあり40ノットを出し、第三型式とした。なお、これが横浜ヨット工作所が試作したものである。

また、空力式推進も試作され、８月４日から７日の間、実用試験が行なわれた。この試作艇の特徴は、主機を船尾上の４本脚架台に取り付け、飛行機のプロペラで推進するもので、40ノットを発揮した。そのために後部には兵装を設置することができなかった。これを第四型式としたが実用に各種の問題があり、研究だけにとどまった。

駆逐艇カロは、第一型式を40隻、第二型式を30隻程度建造された。

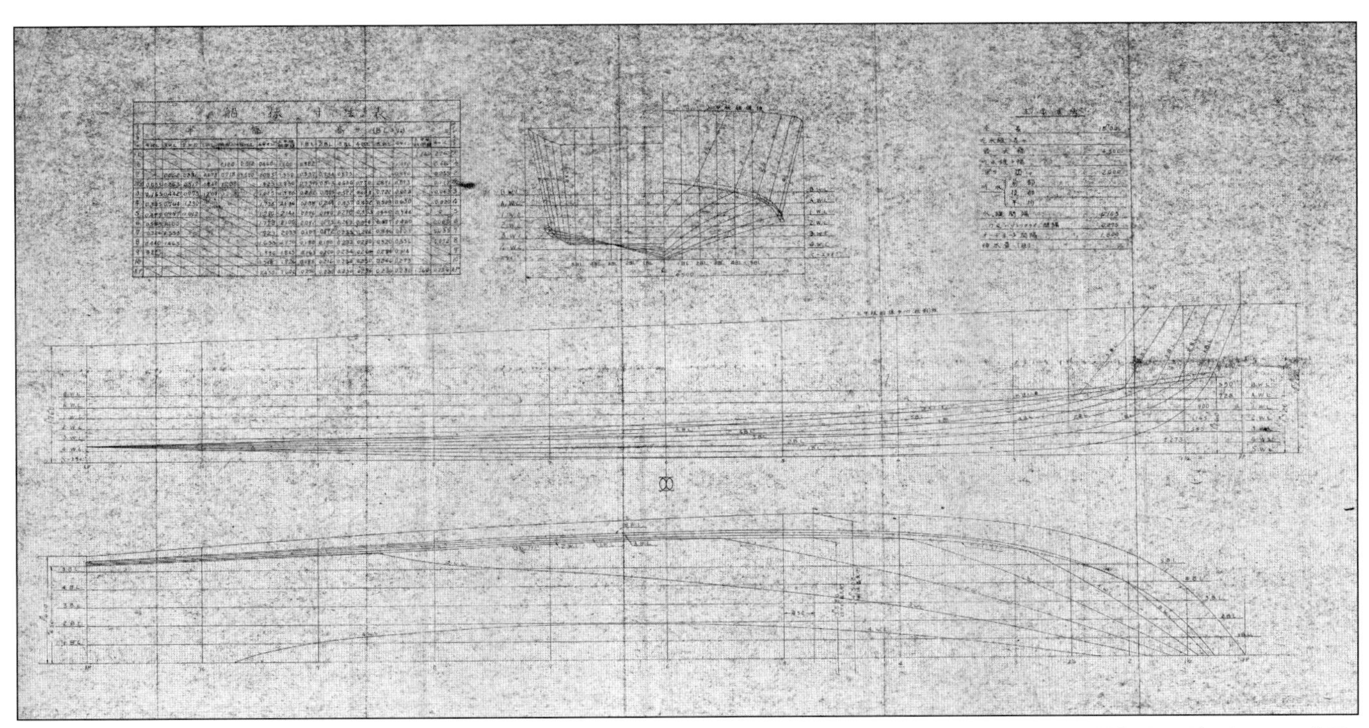

▲駆逐艇カロ船体線図。カロの公式図面は現在のところこの線図しか発見されていないので貴重。船体形状が正確に把握できるものだ。（防衛省戦史図書室収蔵資料）

▲発着船訓練中のあきつ丸を僚機から撮影したもの。あきつ丸の全容を明確に撮影した最高の写真といえる。独特な三色迷彩の詳細についてはP.56～57の記事を参照されたい。

対潜空母

太平洋戦争中期になると、敵潜水艦の攻撃による輸送船の被害が日に日に増え、航空機での船団護衛の必要性が急務となった。とはいえ、海軍の空母には数の限りがあって全ての船団護衛ができるはずがなく、そこで陸軍の徴用船は陸軍自身で護衛しようという考えがわきおこってきた。

それは「カ号オートジャイロを対潜哨戒に使えないか」という考えに発展し、昭和18年(1943年)6月、輸送任務から帰り、次の輸送任務まで待機中であった陸軍丙型特殊船あきつ丸を利用して、広島湾で発着船試験が行なわれることとなった。

しかし、この当時のあきつ丸の船尾にはデリックマストがあって空母のように後方から着船するには大きな障害となるため、左後方から接近し、飛行甲板上で機体を回転させ着船させるという、アクロバットのような着船が行なわれた。発船時(陸軍では発艦を発船、着艦を着船といった)は船速による風があるため、90度横向きからローターを回転させ、一定回転に達すると機体を90度回転させ前部プロペラに切り替え滑走、発船するという変則的な方法が取られたが、これではいざという時の実用性に疑問として採用されず終わった。

その後も陸軍では自前で空母を持つ決意の下、昭和19年3月から海軍と協議を開始した。特殊船神州丸と丙型特殊船あきつ丸の空母への改造、また、あきつ丸の同型船4隻の新造、戦時油槽船A型とTL型10隻をカ号オートジャイロ、または、キ－76三式連絡機を運用可能な空母に改造することなどを要望したが、結局、あきつ丸の改造と戦時標準船に組み込まれたM丙一型特殊船熊野丸の改造、TL型油槽船4隻の対潜空母への改造が決定した。

昭和19年4月、あきつ丸は生まれ故郷の播磨造船所に戻り、ただちに空母への改造が開始された。その主な改造要領は以下の通りである。

1. 飛行甲板上の船橋、マスト、煙突を2m右の外舷へ移設させ、飛行甲板を左舷へ2m広げる。
2. 船橋下の舷側にスポンソン新設。
3. 船尾楼のデリックをマストを廃止し、煙突後部へ新設。
4. 飛行甲板前部を11m短くする。
5. エレベーター右舷側の面積増大。
6. 船橋スポンソン後方の両舷に機銃スポンソンを新設。
7. 船尾楼に二式迫撃砲砲座を新設。
8. 船首楼両舷の野砲砲座を高射砲砲座へ改造する。
9. 気灯檣を2m高くし、飛行甲板前端に移設する。
10. 飛行甲板両舷に人員落下防止網を新設。
11. 飛行甲板全面、格納庫に滑り止め塗料を塗装。
12. 萱場式着陸制動機KXを着船制動機として設置。

この改造で注目すべきは、長かった飛行甲板をわざわざ11mも短くした点だ。これは艦載機に選定されたキ－76三式連絡機がわずか40mの距離で発着できるという、短距離発着船能力に優れるためである。また、船首楼にあった舟艇砲砲座を高射砲に据え代えて、対空射撃ができるようにする目的もあったのだろう。

こうした一方で、あきつ丸の空中勤務者は、学徒動員第1期から選ばれた対潜要員20名の内、10名が空中勤務者予定とされ、なおかつこの10名の成績で選別され、最終的に空中勤務者は8名となり、これに合わせ偵察者8名、隊長1名からなる独立飛行第一中隊が編成された。あきつ丸にはキ－76三式連絡機を8機搭載して船団護衛を行なうのである。8月に改造が終わり、広島湾で独立飛行第一中隊の慣熟訓練を行ない、対馬海峡の対潜哨戒に就いた。

同年8月15日には、M丙一型熊野丸が日立因島造船所で起工された。戦時標準船として構造が簡易化されていたため、約4ヶ月で進水、約6ヶ月で竣工と建造は短期間だった。熊野丸はあきつ丸とは違い、海軍の小型空母同様の平型空母であり、着船装置もあきつ丸より高度なものを搭載したという。

しかし完成直前の昭和20年3月19日、日立因島造船所は初めて敵艦載機からの空襲を受け、熊野丸は岸壁に繋がれたまま、機銃掃射やロケット弾の攻撃を受けたものの、被害は大きくなく修理を受けた。陸軍は3月31日に竣工した熊野丸を宇品へ回航し、宇品沖の金輪島と本州鯛尾の間に係留した。戦況の悪化により、すでに使用見込みがなかったのだ。それでも、熊野丸に乗船予定の船舶砲兵による高射砲や高射機関砲、二式迫撃砲の訓練が7月27日から31日の間行なわれた。その後、終戦まで、呉空襲のあおりで幾度か敵艦載機の攻撃を受け、隣に係留された輸送船は撃沈されたが、熊野丸は目立った被害を受けることなく、終戦まで生き残った。

▲左舷機銃スポンソンからあきつ丸の飛行甲板上を見る。空母化により船橋3階とその上に新設された見張り所、船橋と煙突の間に新設された空中勤務者待機所の様子がよくわかる写真である。

昭和21年、復員船に改造された熊野丸は、コロ島から大勢の引き揚げ者を乗せ、呉の元大竹潜水学校へ到着し無事任務を果たした。しかし、熊野丸の任務はこの1回で終わり、11月から神戸川崎重工で解体が開始され、昭和23年9月に完了した。その際、二重船底の一部を使い、1000ｔ浮きドックが作られ、戦後長らく使用された。

昭和19年1月、三菱重工横浜造船所で特2ＴＬ船山汐丸（やましお・まる）が起工された。これが、油槽船に飛行甲板と格納庫を付けた護衛空母で、海軍は1ＴＬ型を、陸軍では2ＴＬ型を改造し建造したのである。

山汐丸は昭和20年1月25日に公試運転が行なわれ、これに続き審査会によりキ－76三式連絡機の発着船試験が行なわれた。2月16日、17日の両日に行なわれた関東地区への敵艦載機の空襲では、三菱重工横浜造船所沖の横浜港に係留されていた山汐丸はよい目標とされ、16日は6～7機から爆撃を受けたが、すべて至近弾となった。しかし、空襲後1号ドックに入れてみると船橋下の右舷水線下に大きな穴が開いていた。4発目の至近弾がかなり近い所に落ちたのだが、それによって破壊されたものと思われた。しかし、修理する暇も無くドックから出し艤装岸壁に係留することとなり、17日には再び攻撃を受け、多数のロケット弾が飛行甲板に命中、船尾にも250kg爆弾1発が命中して甲板はめくれ上がり浸水、船尾が着底してしまった。なお、同所で建造中だった特2TL2番船千種丸はどのような被害状態だったのかは不明である。

戦後、浮揚された山汐丸は三菱重工横浜造船所の1番、2番船台の沖に繋留され、飛行甲板と格納庫を解体中、ある日船首楼がポッキリ折れ沈没してしまった。これを引き揚げるには費用がないため、沈没した船体をそのまま岸壁とし、1番と2番船台を埋め立て組立場にしたい三菱側とGHQとの激しい協議の末、そのまま船体を残すことで決まった。こうして長らく三菱重工横浜造船所では山汐岸壁と親しまれたが、昭和31年に浮揚され解体場へ曳航され解体されたという。

さて、対馬海峡で対潜哨戒を行なっていたあきつ丸はどうなったのか？　昭和19年11月9日の任務を最後に対潜任務を解かれたあきつ丸は独立飛行第一中隊を広島へ降ろし、フィリピンへの緊急部隊輸送のヒ81船団の1隻として、歩兵第62連隊と海上挺身第20戦隊を乗せ伊万里を出港。敵潜水艦出現情報で船団は五島列島宇久水道に一時避難。翌朝出港したが11時53分米潜水艦クイーンフィッシュの放った2発の魚雷があきつ丸の左舷船尾に命中、急速に転覆する中、後部弾薬庫が誘爆し沈没した。

〔陸軍空母要目表〕

	あきつ丸	熊野丸	山汐丸
全長	152.12m	152m	148m
幅	19.5m	19.577m	20.4m
深さ	11.5m	12m	12m
吃水	7.857m	6.1m	9m
総トン数	9190ｔ	9502ｔ	10605ｔ
速力（最大）	21ノット	20ノット	15ノット
航続距離		17ノット／6000浬	13ノット／9000浬
飛行甲板長さ	109m	110m	120m
飛行甲板幅	25m	23m	23m
機関			
タービン	石川島性二段減速タービン2基	甲50型一号2基	甲50型一号1基
ボイラー	三胴式水管ボイラー 4基	改二一水管缶3基	改二一水管缶2基
馬力	12000馬力	10000馬力	4500馬力
搭載機	三式連絡機8機	三式連絡機8機	三式連絡機6機
兵装	八八式七糎半高射砲特4基、九六式25㎜機関銃8基、二式中迫撃砲1基、爆雷投下器2	八八式七糎半高射砲特8基、九八式20㎜高射機関砲6基、二式中迫撃砲2基、爆雷投下器2	25㎜連装機銃8基、二式中迫撃砲2基、爆雷投下器2
同型船	にぎつ丸（第一状態）	ときつ丸（未成）	千種丸（未成）

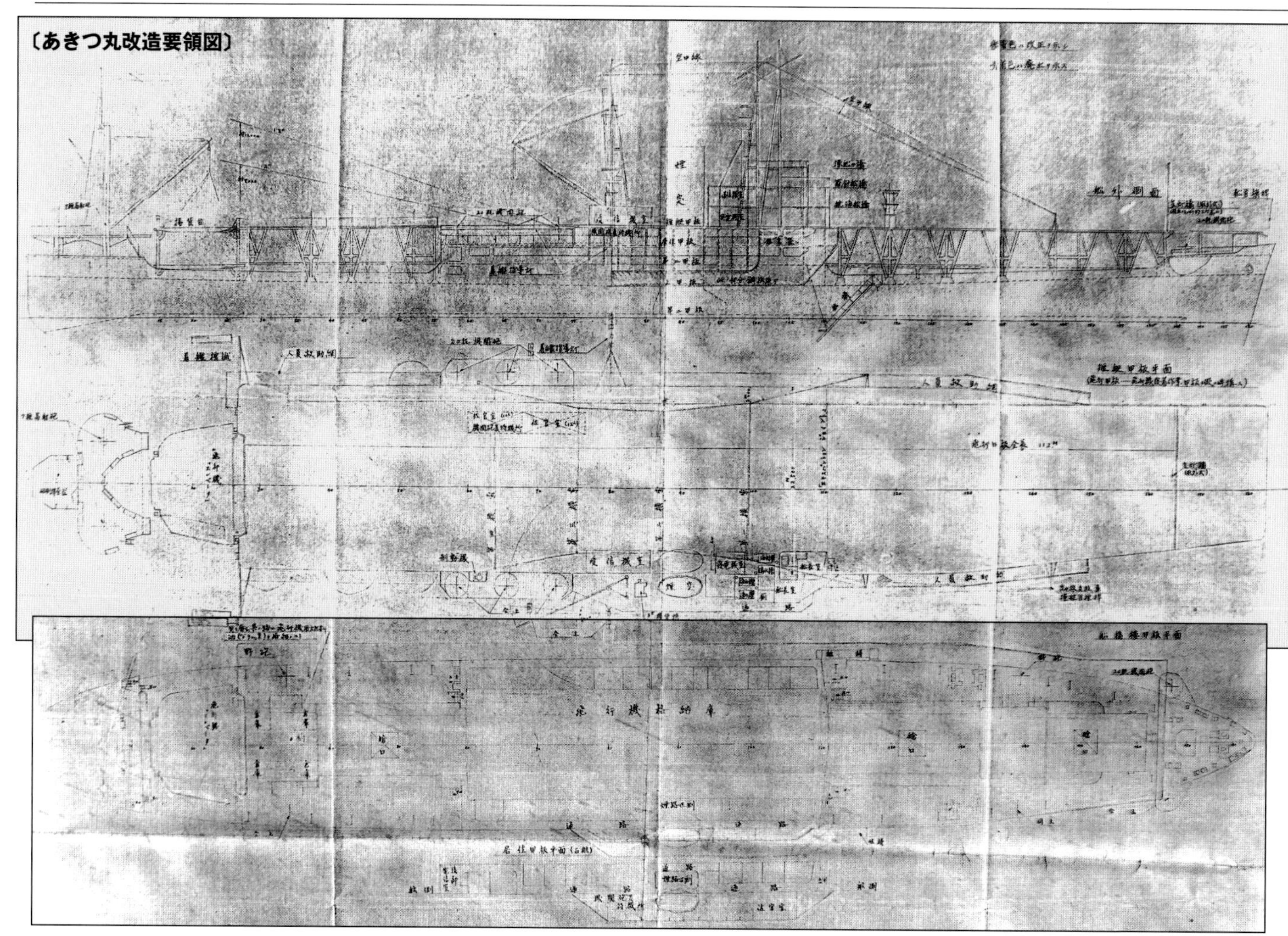

▲あきつ丸の空母化に際する改造箇所が明示された図面。その主なものは船橋と煙突の右舷舷外への移設、左舷飛行甲板の2m拡大、飛行甲板前端の11m短縮など。ただし、図面と実艦とでは多少の差異があるので注意が必要。

▼戦時標準船規格のM丙一型特殊船として建造された熊野丸はあきつ丸と異なり、当初から海軍の平型空母と同様な外観を持っていた。図はその概要を伝えるもので、全長が短く幅が狭い飛行甲板や、独特な着船ワイヤーの張り方が明示されている。(防衛省戦史図書室収蔵資料)

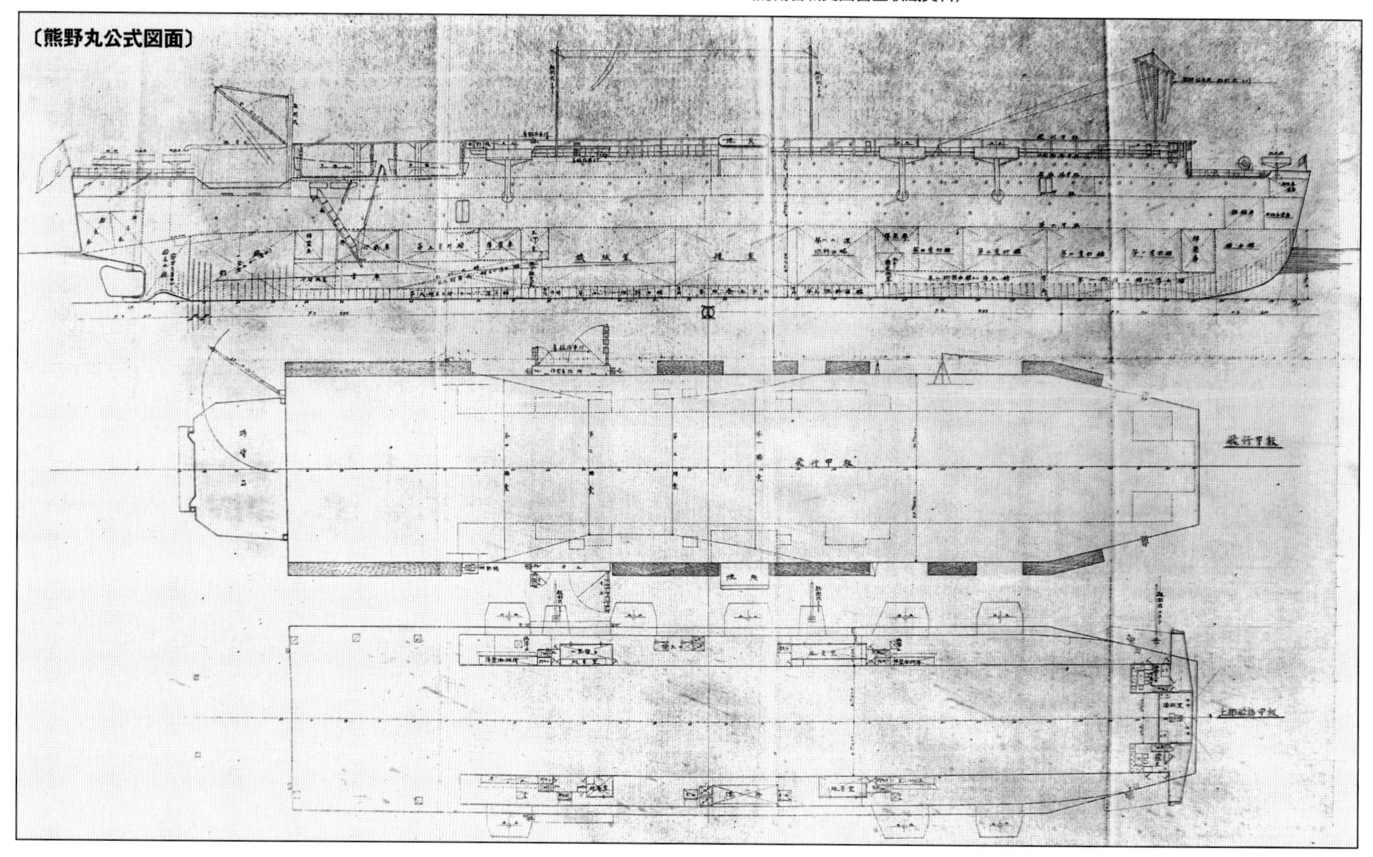

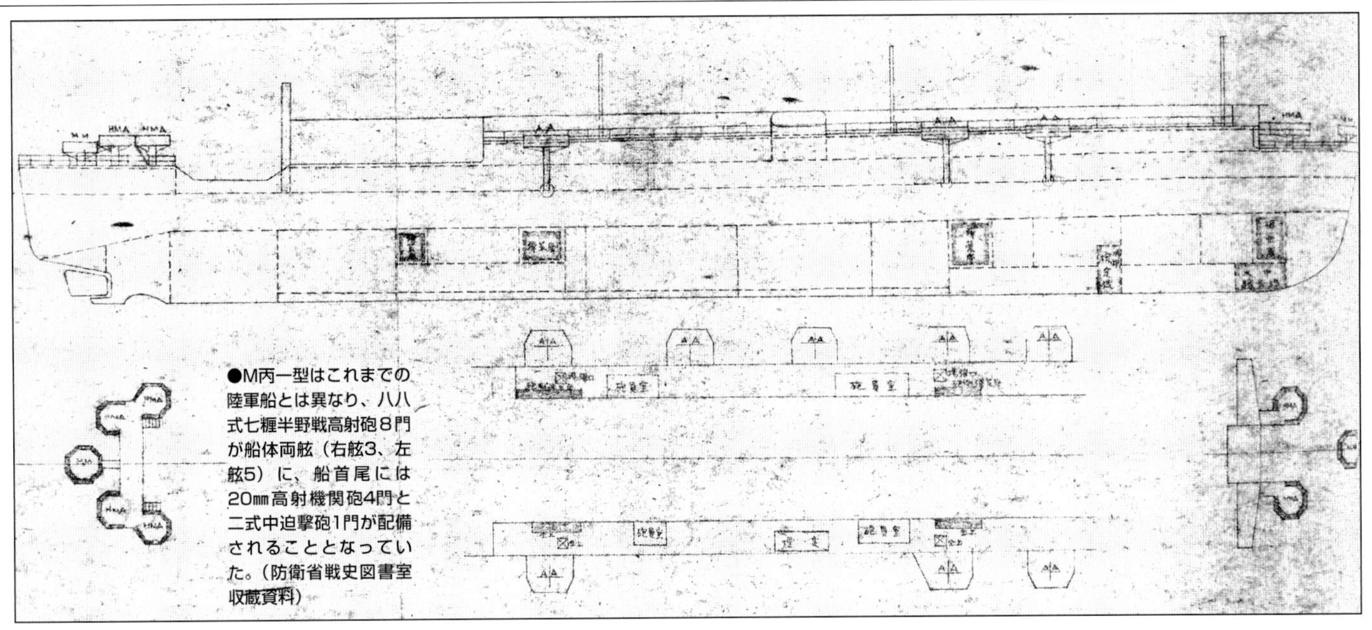

●M丙一型はこれまでの陸軍船とは異なり、八八式七糎半野戦高射砲8門が船体両舷（右舷3、左舷5）に、船首尾には20㎜高射機関砲4門と二式中迫撃砲1門が配備されることとなっていた。（防衛省戦史図書室収蔵資料）

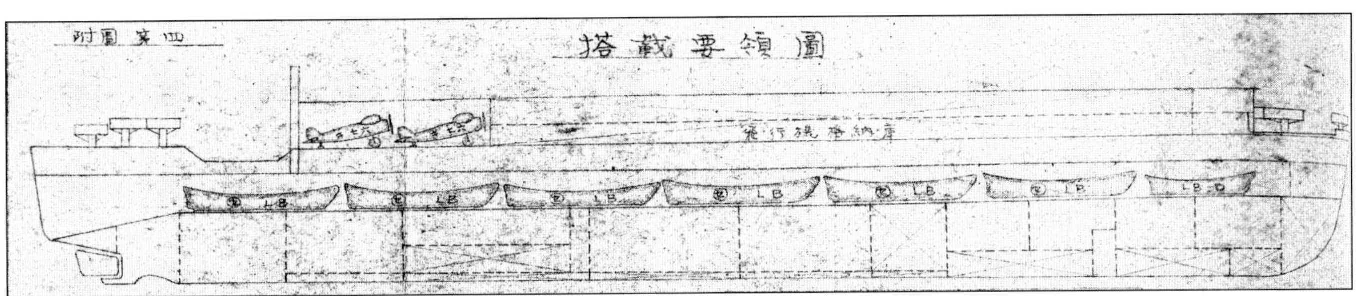

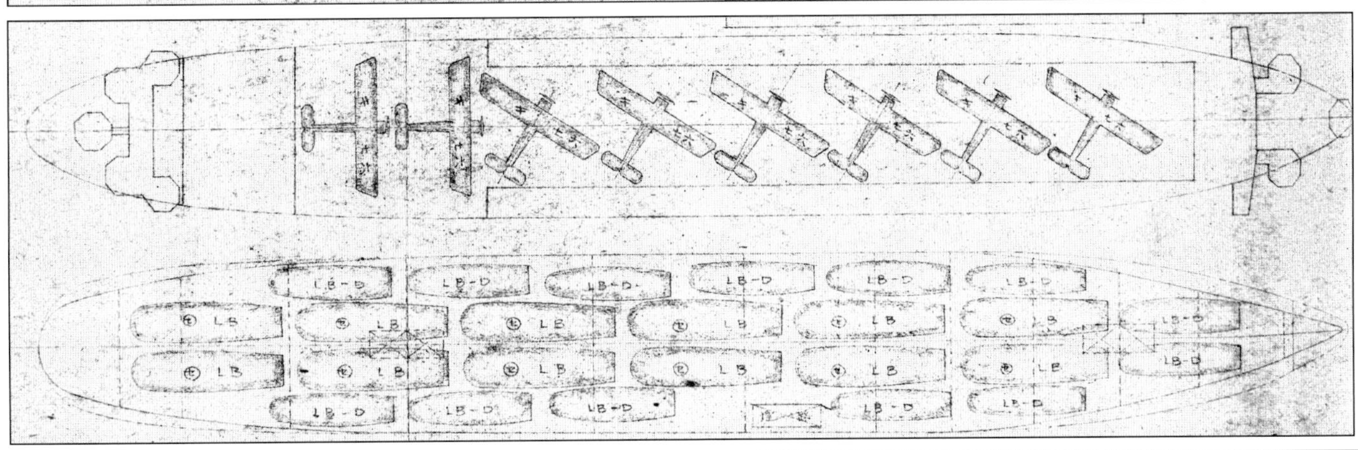

▲三式連絡機は6機が限定的開放格納庫に、2機が開放格納庫に格納される。ただし、限定的開放格納庫は幅が13mしかないため、幅15mの三式連絡機を斜めにして格納するのはあきつ丸と同じであった。平型空母と同じような形状が目をひくが、船体中甲板には陸軍特殊船の特徴ともいえる大発の格納庫があり、下図では特大発12隻と大発13隻を積んだ状態が図示されている。（上2枚とも防衛省戦史図書室収蔵資料）

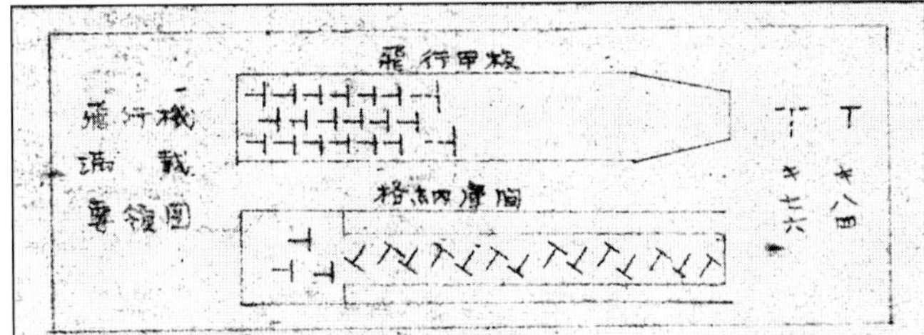

▲上掲図面に「飛行機満載要領図」として併記された図で、三式連絡機よりも全幅の短い四式戦闘機を格納庫内に17機、飛行甲板に18機に搭載し、その前の飛行甲板に三式連絡機2機を乗せた状態を示したもの。（防衛省戦史図書室収蔵資料）

キ八四：四式戦闘機
キ七六：三式連絡機

◀終戦後、米軍機により空撮されたM丙一型熊野丸。本文中にもあるように本船は宇品沖の金輪島に繋留されて終戦を迎えている。手前には貨物船が沈没しており、熊野丸と島の間には伊号高速艇一型が散乱している。これらは島と熊野丸とを繋ぐ橋として利用されていたもの。

〔陸軍対潜空母比較図〕

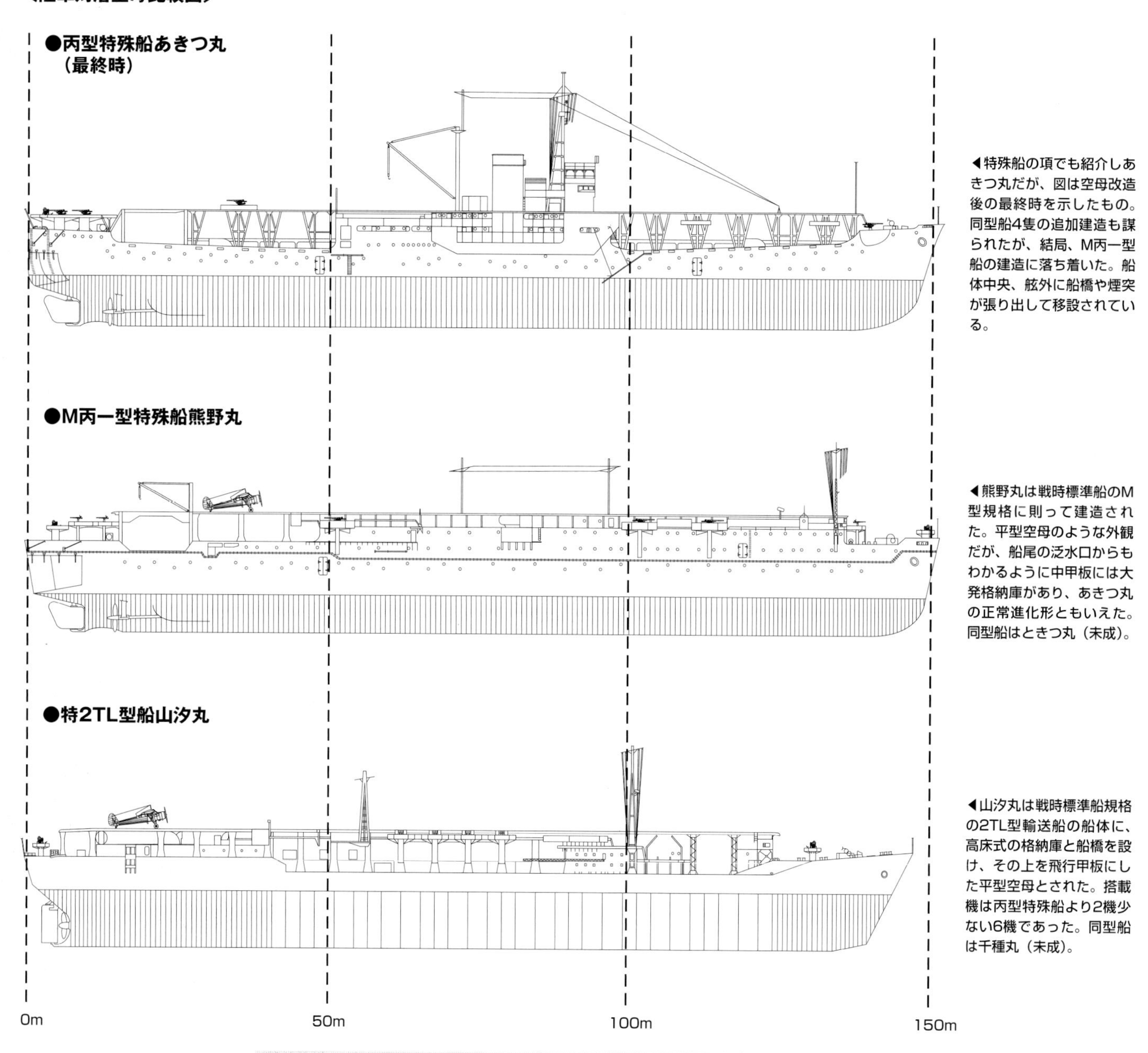

◀特殊船の項でも紹介しあきつ丸だが、図は空母改造後の最終時を示したもの。同型船4隻の追加建造も謀られたが、結局、M丙一型船の建造に落ち着いた。船体中央、舷外に船橋や煙突が張り出して移設されている。

◀熊野丸は戦時標準船のM型規格に則って建造された。平型空母のような外観だが、船尾の泛水口からもわかるように中甲板には大発格納庫があり、あきつ丸の正常進化形ともいえた。同型船はときつ丸（未成）。

◀山汐丸は戦時標準船規格の2TL型輸送船の船体に、高床式の格納庫と船橋を設け、その上を飛行甲板にした平型空母とされた。搭載機は丙型特殊船より2機少ない6機であった。同型船は千種丸（未成）。

▶三菱横浜造船所艤装岸壁で、船尾に250kg爆弾1発、ならびに多数のロケット弾と機銃弾を受け、着底した山汐丸を終戦直後に撮影。まだ陸軍へ引き渡される前なので、当然非武装である。戦時標準船特有の角張った船体ラインや戦時急造対応の直線的な構造物の様子がよくわかる。このの ち浮揚された山汐丸は三菱横浜造船所の第一、第二船台の沖に移動し、解体中に船首が折れて沈没し、そのまま岸壁として使われるなど数奇な運命を送った。

第4章 攻撃艇

▲トラックに積載された四式肉薄連絡艇甲四型。こうした搭載法が何通りか試されたが、写真は台座を用いて搭載するものである。(防衛省戦史図書室収蔵写真)

四式連絡艇(○レ)

昭和18年(1943年)10月頃、陸軍落下傘部隊の菅原大尉が「自ら率いて敵に当たりたいから50ノットぐらい出る特攻艇を作って欲しい」という意見を中央部へ上申したが、当時はまだこうした特攻兵器については同意がされなかった。昭和19年に入ると陸軍中央部もこの種の兵器の必要性を感じるようになっていたが、高速を出すためのエンジンがないということで、この話はいったん棚上げとなった。

しかし、一方でこのような話も残っている。四式肉薄連絡艇いわゆる“○レ(まる・れ)”の発想の動機は昭和18年の暮れ、船舶司令部で「航空は特攻をやっとるじゃないか！　船舶もやらにゃならん。」という話が出たのが始まりだというものだ。が、航空特攻が始まったのは昭和19年10月21日、海軍の神風特別攻撃隊大和隊からである。この航空特攻とは何を指すのであろうか？

また、別の話として昭和18年10月頃、空挺部隊の某大佐が「50ノット出る小型高速艇を作ってくれたら、自ら乗り敵艦に体当たりしたい」と中央に意見具申していたが、生還の見込みのない特攻艇を使うことは同意されなかった、というものが伝わっている。この話は人間魚雷の開発を熱望した海軍士官の話とよく似ている。

さて、昭和19年に入り、部隊将校の昼食後、本廠長の権藤閣下より次のような話があった。

「1人乗りの高速艇で爆雷を積み、夜陰に乗じ敵輸送船に接近し、高速で舷側に爆雷を投下し退く。爆雷は水中で爆発し敵船を撃沈させる。この艇は20ノット以上の速力を出し、120kgぐらいの爆雷を搭載できるものでなくてはならない。機関は自動車のエンジンを使用する考えである。皆でこの船を考えてほしい。俺もこんな三角形の船を考えた。下にエンジンを据え付けるんだ。素人考えだと思うが、諸君の中には専門家もいるから至急考案してくれ。できれば2月中にも造って見せてくれ。」

さらにその後、船舶工兵幹候の部隊長橋本大佐に「修理部と私たちの教育隊は必ず試作するように。」と強いお達しがあったという。そして教育隊は2隻、修理部は1隻の試作艇を造ることとなった。しかし、担当者は高速艇には全くの素人であるため、第十技術研究所や横浜ヨット工作所などに、高速艇の理論の指導を受けるなどして、ようやく2月中に3種類の試作艇完成にこぎ着けた。その概要は以下の通り。

甲型：艇の形は魚雷か鯨のような波を立てない魚のような形として、滑走のために船底はV型平底とした。丸胴は鋼製にせざるをえなかった。
乙型：木製V型ステップ付き船底滑走艇。
丙型：平べったい草履のような船だったが、速力は33ノットの高速を出す。

広島の運輸部にて、この3隻のお披露目が行なわれ、本廠長閣下以下高級将校が金輪島に集合し検閲を受け、テスト航行が行なわれた。試験コースは金輪島一周で、甲型は23ノット、乙型は26ノット、丙型は33ノットを記録したが、実は修理部が甲型の航走距離をごまかし、実際は17ノット程度であったのに23ノットとしたという。最後に、閣下より「甲型が強そうでよい」と言われ、甲型の採用が決定した。

昭和19年6月、第十技術研究所に特攻艇の研究が急務として命じられた。その要件は以下の通り。

1. 自動車のエンジンで20ノット以上
2. 120kg爆雷2発で敵艦船を攻撃するもの

これに第十技術研究所では全科をあげて取り組み、船型試験、そして設計と製作を二週間という短期間で終え、7月10日に試作艇を完成させた。完成と同時に陸軍省、参謀本部の関係者の供覧する中、荒川で試運転を行ない20ノットを出すことが確認され、操縦性能や安定性も満足できるものであった。造兵廠は直ちに生産体制を整え始め、第十技術研究所所員は技術指導を行なった。これが甲一型である。

7月18日には爆薬前装式の甲三型、甲一型の改良型甲四型、甲一型を小さくした甲六型の試作が開始され、25日に完成した。7月23日から30日の間で海軍が製作した④艇(震洋)との比較試験も行なわれ、陸軍省、参謀本部、兵器行政本部などの関係者が供覧し、以下のようにどの艇を採用するかを決定した。

1. 甲一型及び甲四型は構造機能共におおむね良好にして実用に適する。若干の改正を加え速やかに生産を開始する。
2. 甲三型は資材準備の関係上、本試験では極限性能を確認できなかったため、再試験に向け速やかに整備すること。

◀こちらもトラックに積載された四式肉薄連絡艇甲四型で、左ページのものと積載法が違う例。運搬台座ごと後ろ向きに乗せ、運転席キャビン後端のフラットと、船尾部分が干渉せずにうまく納まっている。（防衛省戦史図書室収蔵写真）

▶江田島幸ノ浦の第十教育隊沖で訓練する四式肉薄連絡艇甲一型。甲一型の初期のものは操縦席の両舷に120kg爆雷を搭載した。しかし、実験の結果、これでは威力不足と判明したため250kg爆雷を搭載することに変更され、搭載位置も船尾へと移された。

◀こちらも初期の四式肉薄連絡艇甲一型。上の写真と併せてみると、波除けの前面が透明樹脂であることがわかる。なお、艇内には2名乗っているが、これは訓練のためで、通常は１人乗りである。

甲一型、甲四型とも製造は簡単にできることを考慮し、キールには欅材、フレームに塩地材、外板は６㎜耐水ベニヤ、デッキには４㎜耐水ベニヤ、船底は４㎜耐水ベニヤを２枚張りとし重量も軽くできた。組立はユリ膠着材と釘によって行なわれた。エンジンは主に豊田と日産のトラック用の60馬力ガソリンエンジンを採用、それを改良し70馬力まで出力を上げたものだった。

搭載兵器の120kg爆雷は、廃船を使った宇品沖での実験で威力不足であることが判り、250kg爆雷１発に変更されたが、量産がかなり進み多く完成していたため、とりあえずは120kg爆雷２発を縦に、ロープで固定したものが作られた。投下装置は、衝突式と手動の二種類を装備した。ところが、250kg爆雷を投下すると船尾が急激に浮き上がり、エンストする事例が発生。こうなると自分が投下した爆雷の爆発に巻き込まれてしまう。そのため、様々な投下方法が試されて問題が解決された。

この他にも、エンジンを斜めに設置しているため、航走を始めて船首が上がった際にエンジンの傾斜角がさらにきつくなってオイルが後部へ偏り、エンジンが焼き付けを起こす事例も発生した。

こうして量産が開始されたが、甲一型は120kg爆雷投下器装備であるため、少数生産で終わり、その生産力は甲四型に向けられた。生産された甲一型は訓練用に使用された。また、甲三型も改良により十分な性能を発揮したため生産されたようだが、どのくらいが完成したのかは不明である。

以上の事を考慮すると、広島と東京で別々に開発していたと考えられる。

〔四式肉薄連絡艇要目表〕

	甲一型	甲四型
船型	Ｖボットム半滑走艇	Ｖボットム半滑走艇
全長	5.6m	5.6m
幅	1.8m	1.8m
深さ	0.73m	0.73m
自重	0.83ｔ	1.45ｔ
機関	自動車用60馬力 ガソリンエンジン	自動車用60馬力 ガソリンエンジン
出力	70馬力	70-80馬力
最大速力	24ノット	25ノット
航続力	24ノット／ 3.4時間	25ノット／ 3.4時間
搭載兵器	120kg爆雷2発	250kg爆雷1発

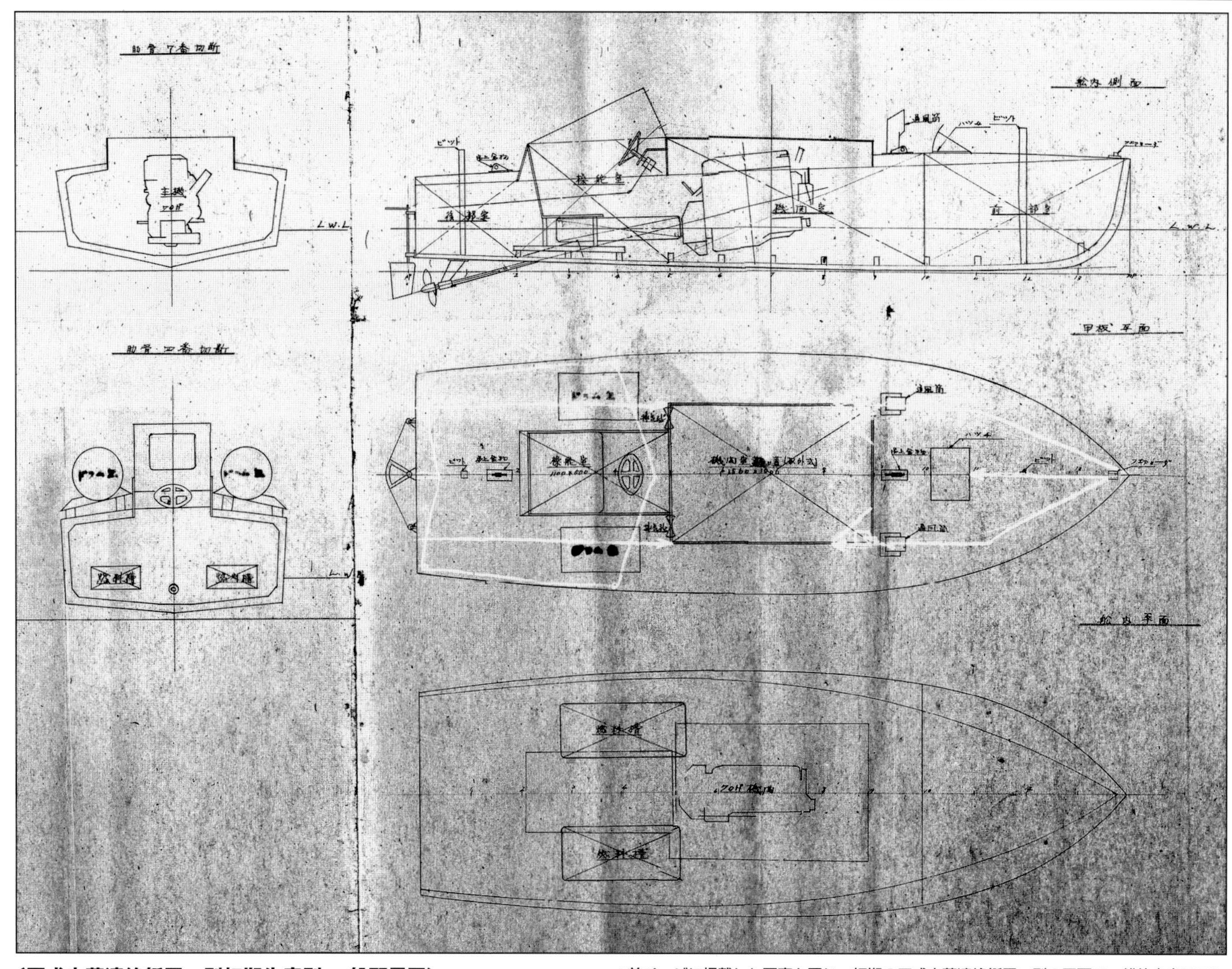

〔四式肉薄連絡艇甲一型初期生産型 一般配置図〕

▲前ページに掲載した写真と同じ、初期の四式肉薄連絡艇甲一型の図面で、船体中央にエンジンを配置し、その後ろに操縦席を設けた様子がわかる。初期型では爆雷は操縦席左右に搭載され、舷側方向へ投射される。（防衛省戦史図書室収蔵資料）

〔四式肉薄連絡艇甲一型一般配置図〕

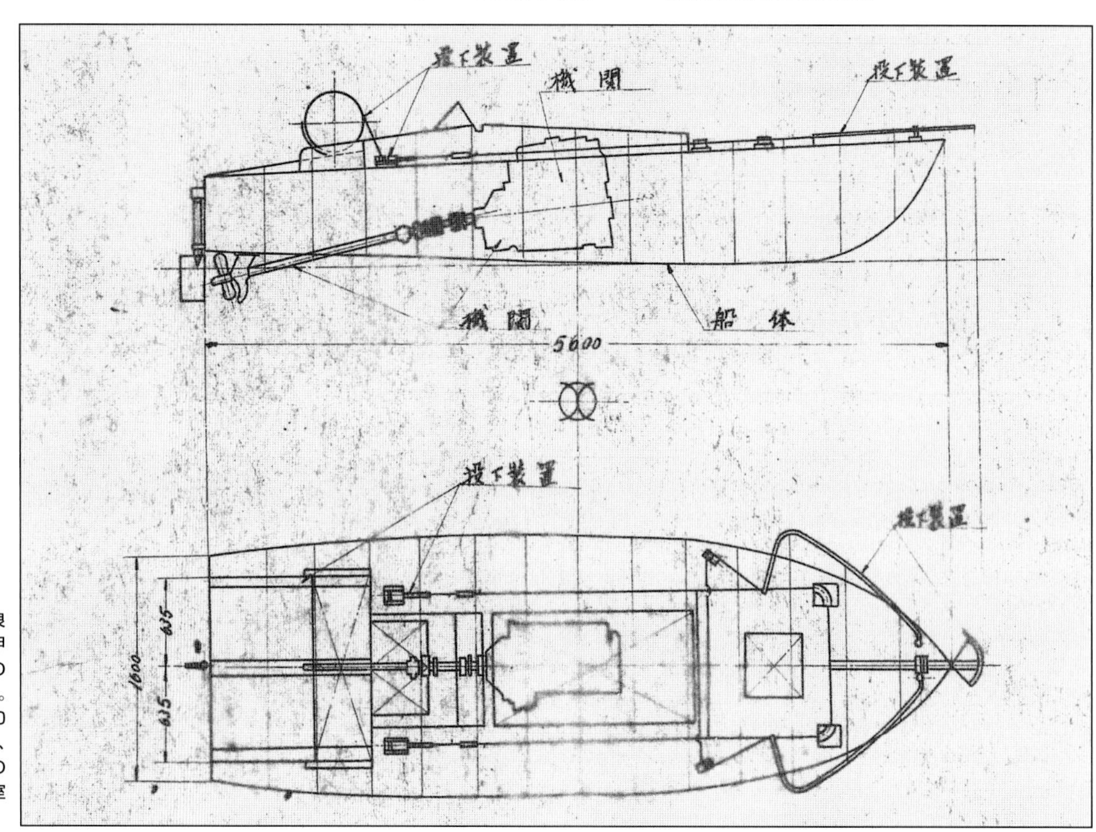

▶こちらは250kg爆雷搭載に改良された一般的な四式肉薄連絡艇甲一型。操縦席が小さくされ、その後方に爆雷投下器が移設された。なお、当初の250kg爆雷は、120kg爆雷の在庫が多数あったため、120kg爆雷2個を縦に繋げたものが用いられた。（防衛省戦史図書室収蔵資料）

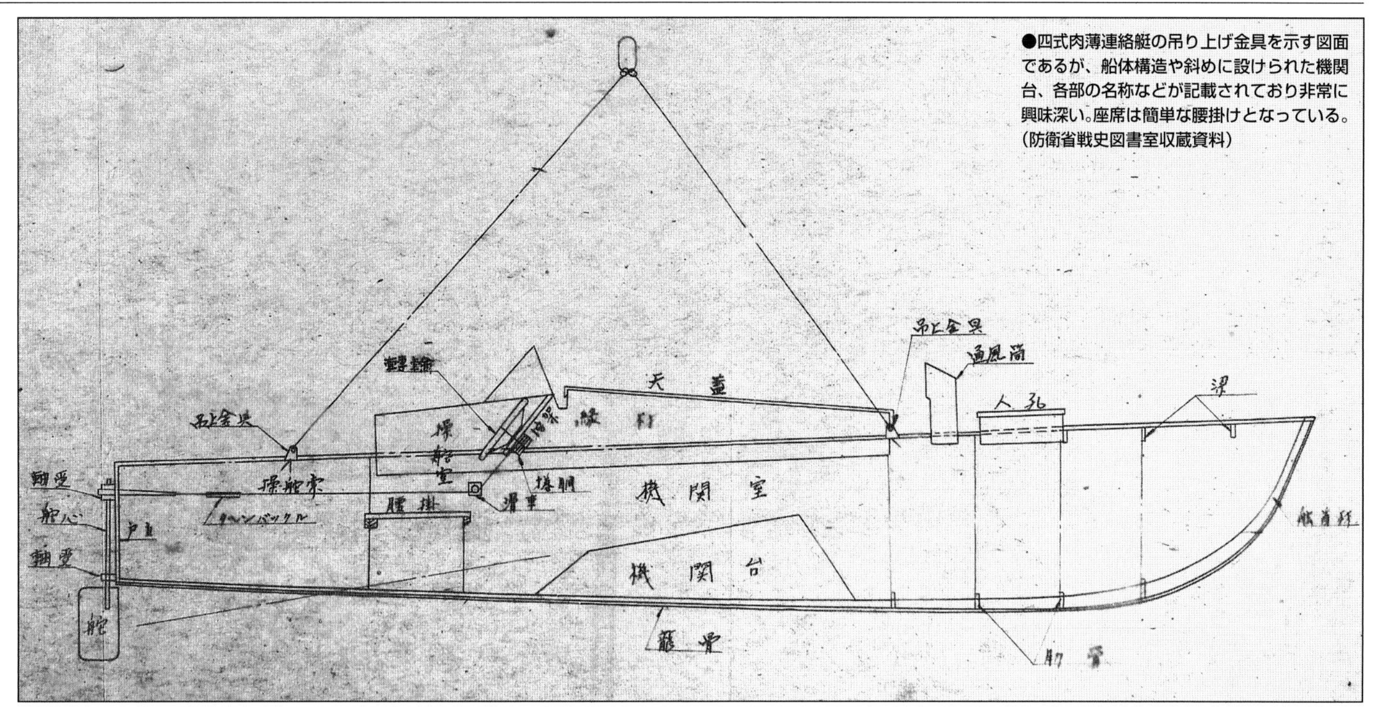

●四式肉薄連絡艇の吊り上げ金具を示す図面であるが、船体構造や斜めに設けられた機関台、各部の名称などが記載されており非常に興味深い。座席は簡単な腰掛けとなっている。（防衛省戦史図書室収蔵資料）

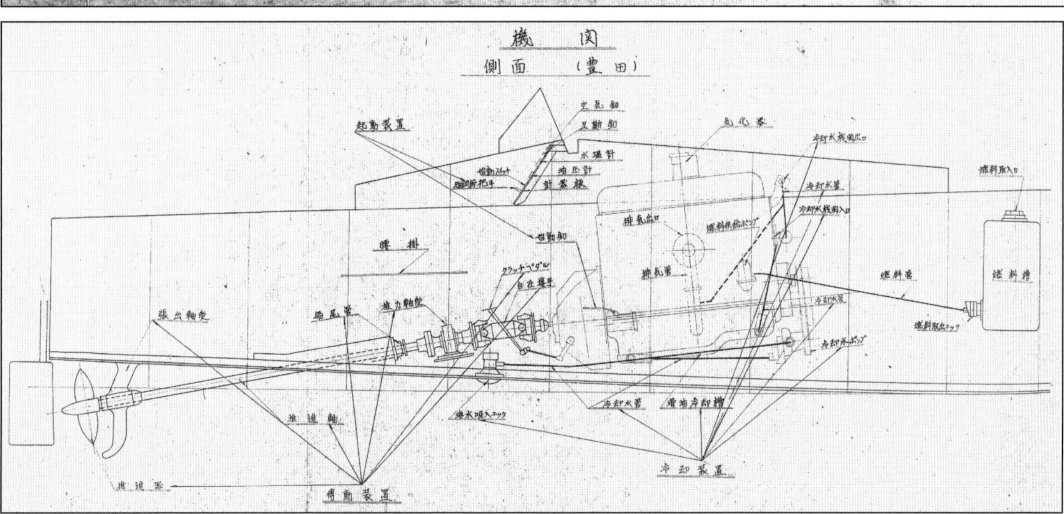

◀豊田製エンジン搭載の甲一型の機関配置図。エンジンを後ろへ傾けて乗せたため、航走中に船首が上がるとさらにエンジンが傾き、潤滑油が偏って焼き付くという問題が発生。その対策に頭を悩まされることとなった。（防衛省戦史図書室収蔵資料）

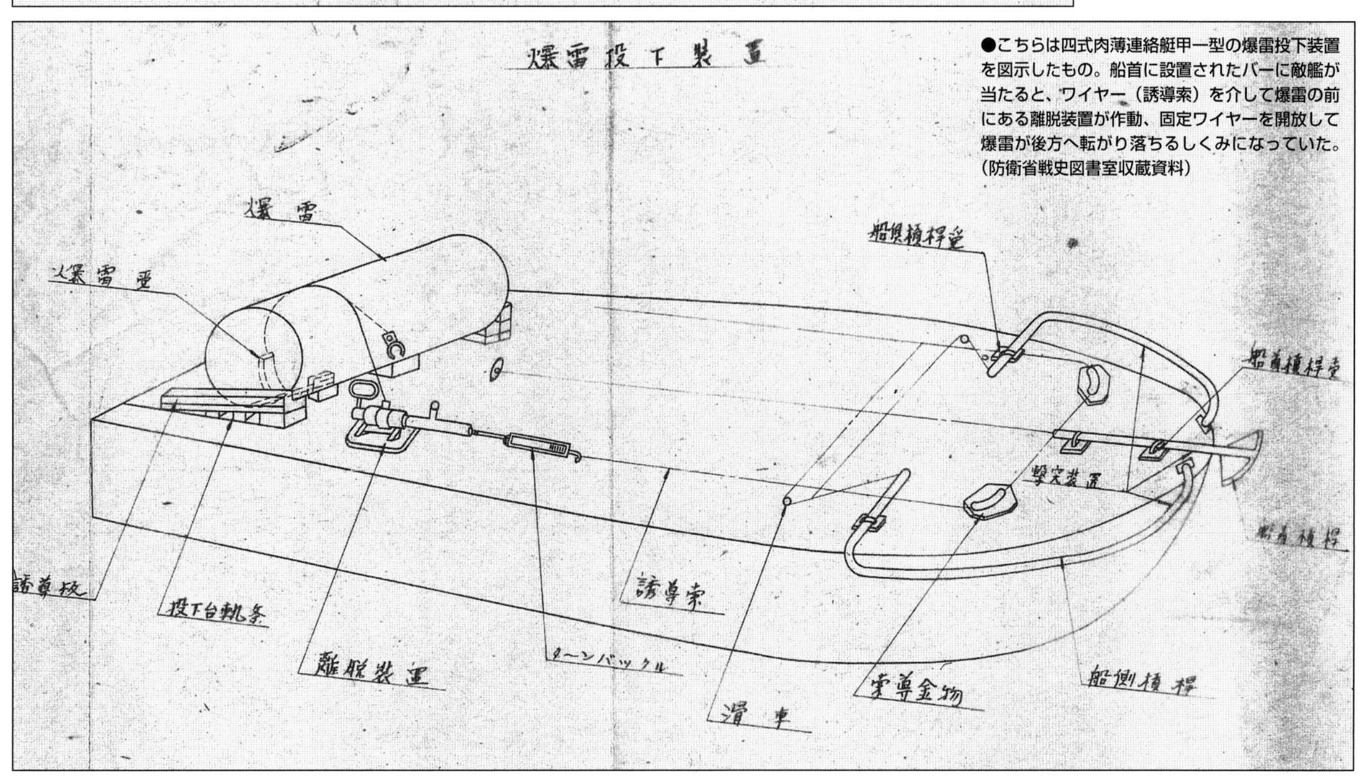

●こちらは四式肉薄連絡艇甲一型の爆雷投下装置を図示したもの。船首に設置されたバーに敵艦が当たると、ワイヤー（誘導索）を介して爆雷の前にある離脱装置が作動、固定ワイヤーを開放して爆雷が後方へ転がり落ちるしくみになっていた。（防衛省戦史図書室収蔵資料）

▶試験中の四式肉薄連絡艇甲四型。甲四型も当初は120kg爆雷とその投射器を操縦席両舷に設置していた。（防衛省戦史図書室収蔵写真）

▲▶こちらは沖縄慶良間諸島で捕獲され、米兵により試験中の四式肉薄連絡艇甲四型。船体の中央と後方に2本の白縦線が記入されているが、これは移動用の台座などに乗せる際の目安を表すものと思われる。右写真は同じく全力航走を行なう四式肉薄連絡艇甲四型。

◀比島（フィリピン）への進出途中に寄港した台湾の高雄で、進出の機会を得ないまま終戦を迎えた海上挺身第五戦隊の四式肉薄連絡艇甲四型。艇を焼却処分する前に隊員が極秘に記念撮影したもの。（防衛省戦史図書室収蔵写真）

五式連絡艇(戊型連絡艇)

特攻艇は高速でなければ攻撃の成功確率は低くなる。配備が進められている四式肉薄連絡艇の速力では不十分で、また敵大型艦船に近づく前に敵魚雷艇などに妨害されることも考えられると判断した陸軍は、敵魚雷艇の待ち受ける哨戒区域を高速で切り抜けるための加速ロケットを装備した高速連絡艇の研究を昭和20年5月から開始した。

搭載するロケットとして考えられたのは火薬式と液体式の二種類で、後者の方が噴射時間が長く性能では勝っていたが、技術的に確実な火薬式を採用することになった。この火薬ロケットは第七技術研究所で研究が進められていた13㎝火薬ロケットで、1本の噴射時間はわずか20秒であるため、50ノットで1000m程度噴進させようとすると40秒は必要な計算で、二段噴射式にしなければならなかった。さらに、四式肉薄連絡艇程度の特攻艇を50ノットで噴進させるには4本を同時噴射させる必要があることがわかったため、4本を1セットとして2セット、8本搭載することになった。しかし、これにより重量が重くなり船体も長くなったことで、巡航速力の低下は確実であった。

5月中旬に4種類の艇を設計し、6月上旬から川崎車輌明石工場と播磨造船所で試作艇が製作され、これらは7月までに完成した。

噴進速力を40〜60ノット出せるように、船型は段付き滑走艇としたため、逆に巡航速力は10ノット程度しか出せず、また、火薬ロケット噴進試験は、安全性に疑念があるとして無人で行なわれた。艇までコードを曳き電気点火で点火。陸上からの測定では50ノットの速力を記録した。しかし、強度不足により火薬ロケットが推力受け座を突き破り、空中へ吹っ飛ぶ有様となった。

本艇は研究の余地があったが、火薬ロケットが進歩しないため、これにて研究は終了されることとなった。

なお、本艇は構造上、船尾に爆雷を搭載することができないため、艇首内に夕弾を装備するようになっていた。これは貫通威力の強力な有孔爆薬であった。

五式連絡艇 要目

全長	7m
幅	1.84m
深さ	0.814m
排水量	2t
機関	自動車用60馬力ガソリンエンジン1基
ロケット	13㎝火薬遁伝式噴進筒8本
速力	巡航10ノット 噴進50ノット
噴進時間	約20秒/1本
巡航時間	205時間
噴進距離	約900m
噴進圧力	毎平方㎝約180kg
兵装	250㎏有孔爆薬
乗員	1名

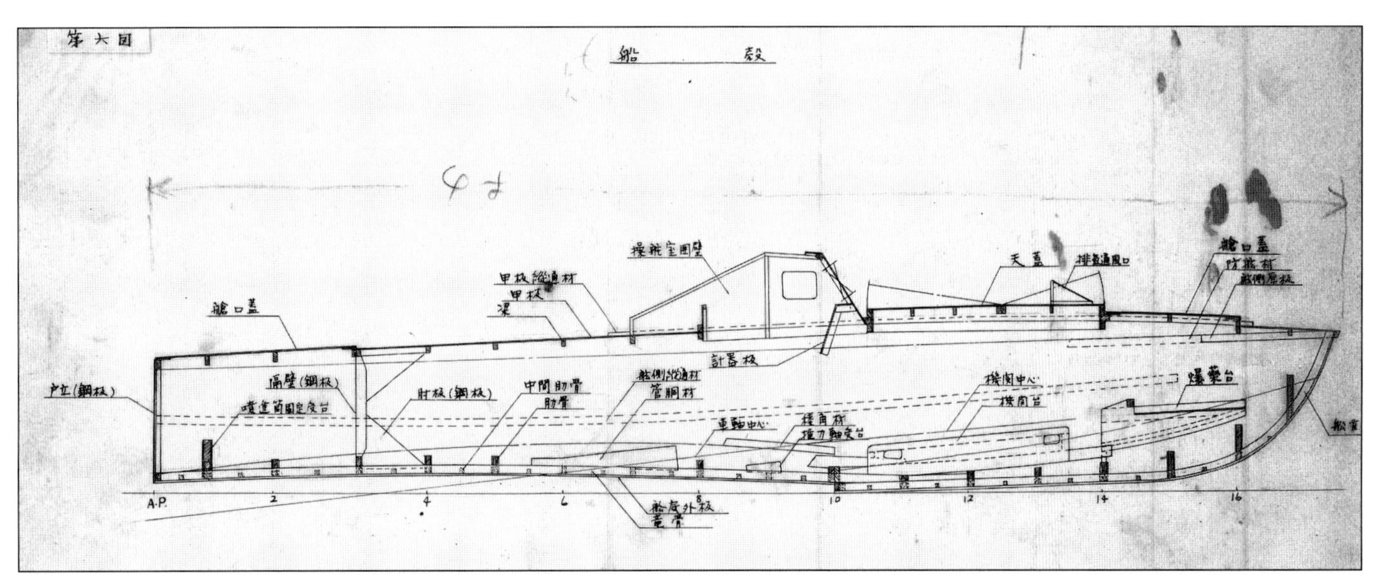

〔五式連絡艇船体構造図〕 ▲五式連絡艇の各部の構造や呼称などが明記された図で、船尾に火薬ロケットを搭載するため、バランスを考えてエンジンをより前方へ配置した特異な構造がよくわかる。(防衛省戦史図書室収蔵資料)

▲船尾の推進用火薬ロケットの取付図（タイトルは「噴進筒取付装置図」となっている）で、その取り付け要領などがよくわかる。これら8本のロケットで50ノットの最高速発揮を狙う計画だったが、肝心の受け座の強度不足により、燃焼試験の際に分解する結果となった。(防衛省戦史図書室収蔵資料)

▼五式連絡艇に搭載された推進用火薬ロケットの構造図。「十三糎火薬遞傳式噴進筒全体図」とのタイトルに注意。筒内には薬が三段に分けて入れられており、噴射口は小さく集約されていることがわかる。(防衛省戦史図書室収蔵資料)

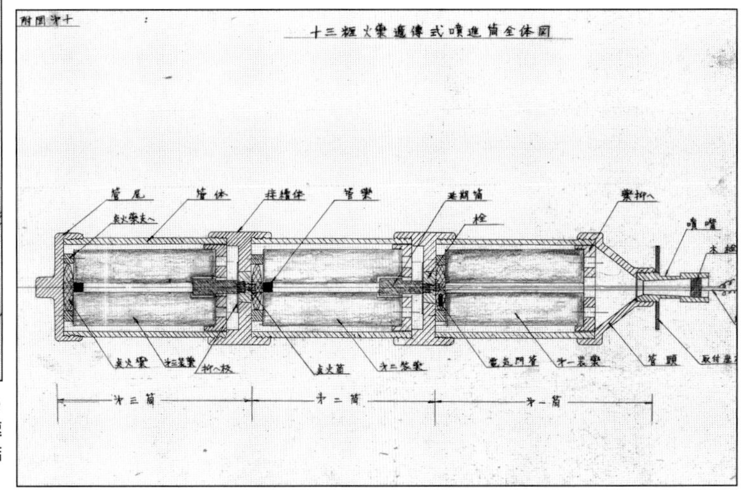

指揮艇（ケ装置付き連絡艇）

昭和19年（1944年）5月に陸軍の兵器行政本部で研究が開始された兵器に「ケ装置」というものがあった。これは航空爆弾の一種で、サーモカップル原理を応用して、洋上を航行する敵艦船の煙突から出る熱線を感知、爆撃機から投下した爆弾をその方向へ誘導するというもの。これを連絡艇に装備し、無人誘導しようとしたのが本艇である。

全体の研究は第十技術研究所で行なわれ、エンジンは第四技術研究所が担当した。「ケ装置」は性能上、波浪の激しい時は目標を感知しづらく、使用が困難となる。そのため、使用環境は天候のよい時に限られるから船体は耐波凌波性能を考える必要がなく、もっぱら速力を早くすることに重点が置かれた。また、敵に発見され砲撃を受けても、本艇は無人であるため目標に対して邁進するしかないから、とにかく高速を出せれば命中率が上がると考えられた。

船体は四式肉薄連絡艇より小型軽量のものとされ、四種類の試作艇を製作、昭和19年10月下旬に実用試験を行なったのだが、エンジンの開発が間に合わなかったため、自動車用エンジンを搭載していた。

この試験の結果を受けて、船型や配置を改良した第二次試作艇が作られ、昭和20年初めに2～3回、基礎試験が行なわれて満足な成績を有するものが完成したが、結局エンジンは終戦までに完成できずに終わった。

船型はVボットム半滑走艇で、他の連絡艇同様に耐水合板が用いられていた。爆雷は船首内に入れ、衝突と同時に船底が破れ落下するしくみとなっており、エンジンはV駆動式として後部へ配置されていた。

指揮艇（ケ装置付連絡艇）要目

全長	5m
幅	1.42m
深さ	0.596m
自重	0.370 t
機関	80馬力エンジン（未成） 自動車用ガソリンエンジン
最大速力	29ノット
航続距離	3.4時間
特殊装置	ケ装置一式
兵装	250㎏爆雷1発

〔指揮艇（ケ装置付連絡艇）一般配置図〕

●指揮艇や「ケ装置」付連絡艇などと呼称される本艇は船体前部に爆雷と「ケ号装置」を配置したため四式肉薄艇などとは駆動方式が大きく異なり、操縦席後方に搭載したエンジンからの回転軸をいったん前方へ出してVee駆動装置で推進軸に繋げるという変則的な方式となっていた。

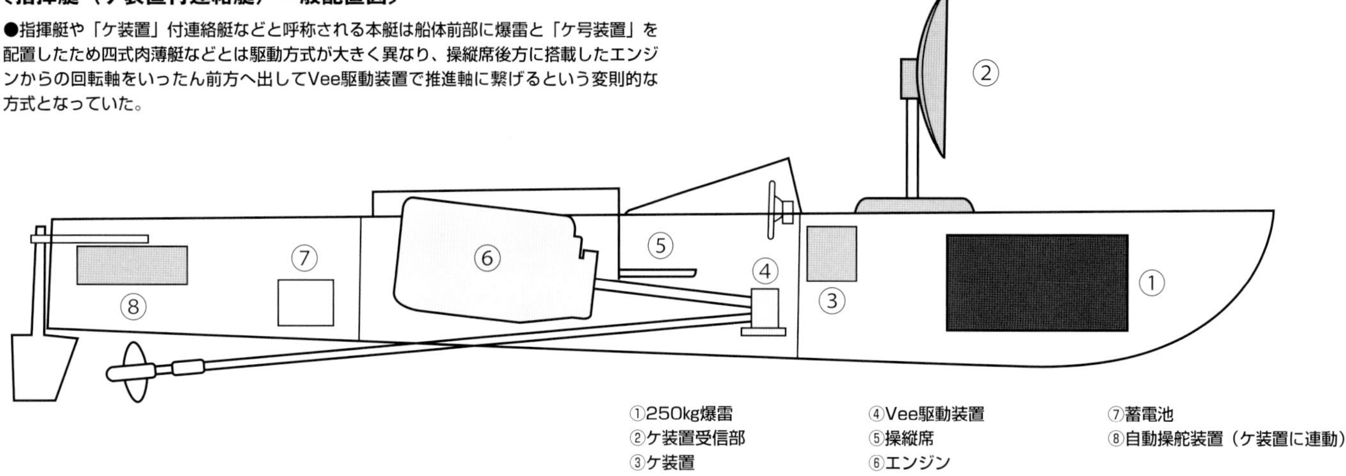

①250kg爆雷
②ケ装置受信部
③ケ装置
④Vee駆動装置
⑤操縦席
⑥エンジン
⑦蓄電池
⑧自動操舵装置（ケ装置に連動）

雷撃艇・砲撃艇（連絡艇巳二型、三型）

フィリピン決戦の帰趨が決した昭和20年（1945年）初頭には本土決戦の可能性が濃厚となり、陸軍中央により改めて決戦配備の検討がなされると、敵の上陸を水際で防ぐための戦力が不足と感じられ、これを受けて、敵の上陸用兵力である艦船や上陸用舟艇を攻撃するための小型の魚雷艇を「雷撃艇」として、またこれに加えて高速の「砲撃艇」が研究開発されることになった。

硫黄島が玉砕し、沖縄での地上戦が戦われていた5月になると、いよいよ次は本土での決戦が予測されるようになって、その開発は急がれることとなり、船体は肉薄連絡艇と同じ耐水ベニヤで作り、自動車のエンジンを搭載するという方針で研究に着手された。全長7mの船体には3基のエンジンを搭載し、3軸とする。

兵装として、雷撃艇は簡易魚雷を左右に1本ずつ搭載。砲撃艇は船体が小さいために大口径砲の搭載はできないため、発射時の反動の少ないロケット弾が選ばれ、ただ、こうしたロケット弾の命中精度は望めないので多数装備し、その弾幕で攻撃目標を包むということで、船尾に20連7㎝ロケット砲を配置したほか、船首に20㎜自動砲が装備される予定であった。

そうして5月中旬には設計が完了、6月中旬に試作艇も完成し、実用試験が行なわれたのだが、30ノットを目指した最大速力は結局達成できず、関係者を落胆させる結果となった。

〔雷撃艇・砲撃艇 要目表〕

	雷撃艇	砲撃艇
全長	7m	同左
幅	2.2m	同左
深さ	1.092m	同左
排水量	2.950 t	2.55 t
平均吃水	0.47m	0.4m
速力	22ノット	24ノット
航続距離	100海里	同左
機関	豊田、及び日産自動車用機関3基	同左
兵装	簡易魚雷2本、機関銃1丁	20連7㎝ロケット砲1基、20㎜自動砲1門
乗員	2名	2名

〔連絡艇巳一型船体線図〕

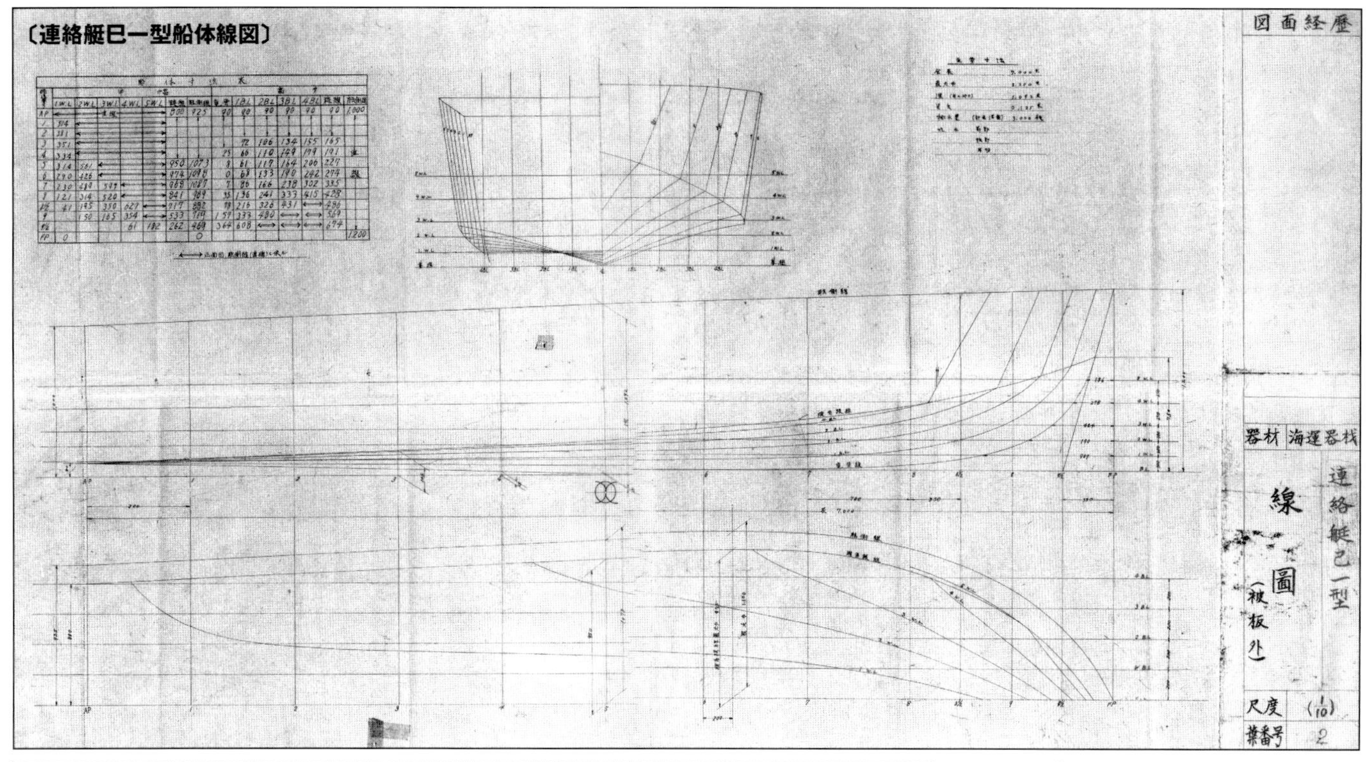

▲「連絡艇巳一型線図（被板外）」と題された図面だが、雷撃艇と砲撃艇とは共通の船体で兵装を変えたものと思われるので非常に興味深い。（防衛省戦史図書室収蔵資料）

〔砲撃艇一般配置図〕

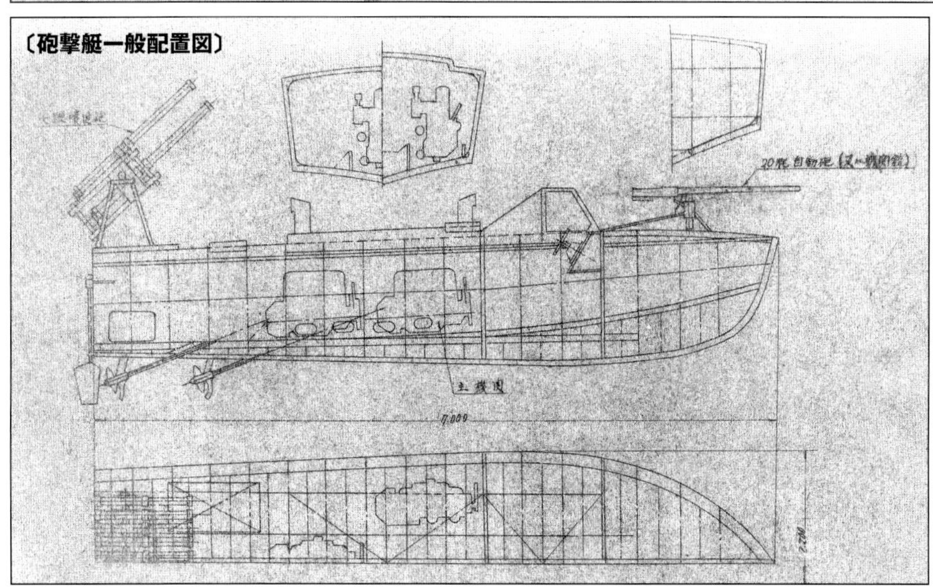

◀砲撃艇は雷撃艇と同様に全長わずか7mながら、船首に20㎜自動砲、船尾に20連7㎝噴進砲を配置するなど重武装を目指すものであった。本図では船体中央部に、凸型に配置された3基のエンジンの様子がよく伝わってくる。（防衛省戦史図書室収蔵資料）

▼こちらは雷撃艇で、両図を見比べて船体形状や配置は同一であることがわかる。簡易魚雷は舷側から外側へ張り出して搭載され、発射の際にはそのまま海面へ投下できることが見て取れる。（防衛省戦史図書室収蔵資料）

〔雷撃艇一般配置図〕

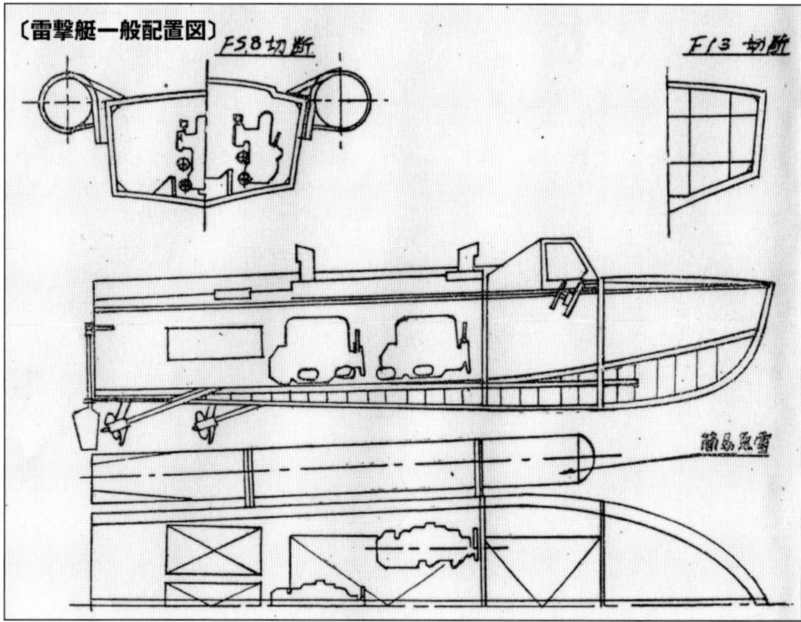

▼「連絡艇巳一型中央部横断面図」と題された図面。右半分が12番フレーム（操縦席部分）、左が10番フレーム（機関室）部分の切断面となる。これをみると船体側面には防舷材が２ヶ所、水切りが１ヶ所付けられ、右側には操舵室の床も書かれている。（防衛省戦史図書室収蔵資料）

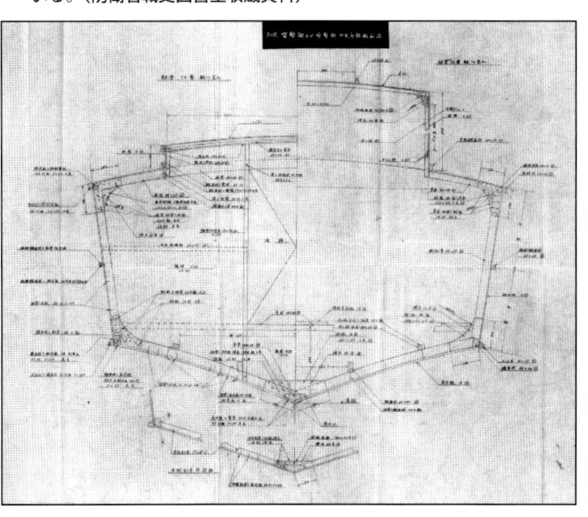

半潜攻撃艇(○せ)

昭和19年中頃、各種の特攻艇の開発が試みられるなか、敵に見つからず接近できる潜航式特攻艇も検討されることとなった。しかし、本格的な潜航艇となると構造が面倒になるため、潜航の利点を利用しながら船殻、エンジン、その他の付属装置を簡単に作ることに配慮した結果、半没攻撃艇を研究することとなった。

しかし、半没というのは不安定な状態であり、どのように解決するかが問題となったが、浮いた状態に重点を置くことで解決していった。とはいえ、船体の大部分は水中にあり乾舷はほとんどなく、少しでも浸水すれば沈没してしまう。そのために絶対に浸水しないような構造とされた。

開発主任者は、航走時のみ半没状態になり、行き足が鈍ったりすると浮上するよう、予備浮力を持ちながら、速力が出ると自然に潜るような船首形状を考えた。全速状態で半没になるようにすれば、それ以上沈むことは無いということだ。

水上にはセイルだけ顔を出し、潜水艦のように完全な隠密状態とはいかないが、夜間であればよほど接近しない限り発見できないので、一度に多数が発進すれば何隻かは攻撃に成功する。また、たとえ発見され砲撃を受けても命中弾を受ける前に、魚雷の射程に入れる可能性が大きく、十分役に立つと考えられた。

9月中旬から設計が開始され半月で完了、10月上旬より船舶本廠で試作艇の建造が開始され、12月下旬に完成した。年が明け1月6日から12日の間、愛媛県三机沖で実用実験を行なった。その結果、実用できる見込みがたったため、量産を開始するため第二次試作艇を作るここことになった。

1月中旬より実用艇の設計を開始し下旬には完了させた。2月上旬より大阪の前田造船所で第二次試作艇の建造が開始されたが、完成し試験目前の3月中旬に空襲を受け、造船所もろとも焼失してしまった。そのため3月下旬から船舶本廠及び木南車輌で第二次試作艇の建造を再開し、4月中旬に完成した。23日から25日の間、広島湾で実用試験を実施、十分な性能を得て実用に達したことがわかった。さらに5月5日、6日両日で魚雷発射試験が実施された。その結果、魚雷発射装置は良好であったが、肝心の搭載兵器、つまり魚雷の性能が十分でないために、改良を急ぐこととなった。

船体の構造は、操縦区画だけは水密のため鋼製にし、船首部と船尾部は非水密のため木製で製造された。その中には船首250リットル、船尾350リットルの浮力タンクを設置した。機関は大発の60馬力ディーゼルエンジン1基とした。機関用の吸気はセイル後部に潜望鏡状の筒を設けた。

また、不可視光線を後方から放射し、それを受け針路を誘導する方法も開発され実用可能であった。しかし、結局終戦までに量産されることなく、試作だけで終わった。

半潜攻撃艇 要目

形式	木鉄交造半潜航型
全長	10ｍ
幅	1.5ｍ
深さ	1.5ｍ
自重	4ｔ
平均吃水	半没状態1.5ｍ／浮上状態1.2ｍ
速力	魚雷装備：最大7ノット／常用5ノット 無装備：最大8ノット／常用6ノット
航続時間	30時間
機関	60馬力ディーゼルエンジン
兵装	火薬噴進式簡易魚雷2本、45㎝電池魚雷2本、1ｔ爆薬
装備	不可視信号装置一式
乗員	2名

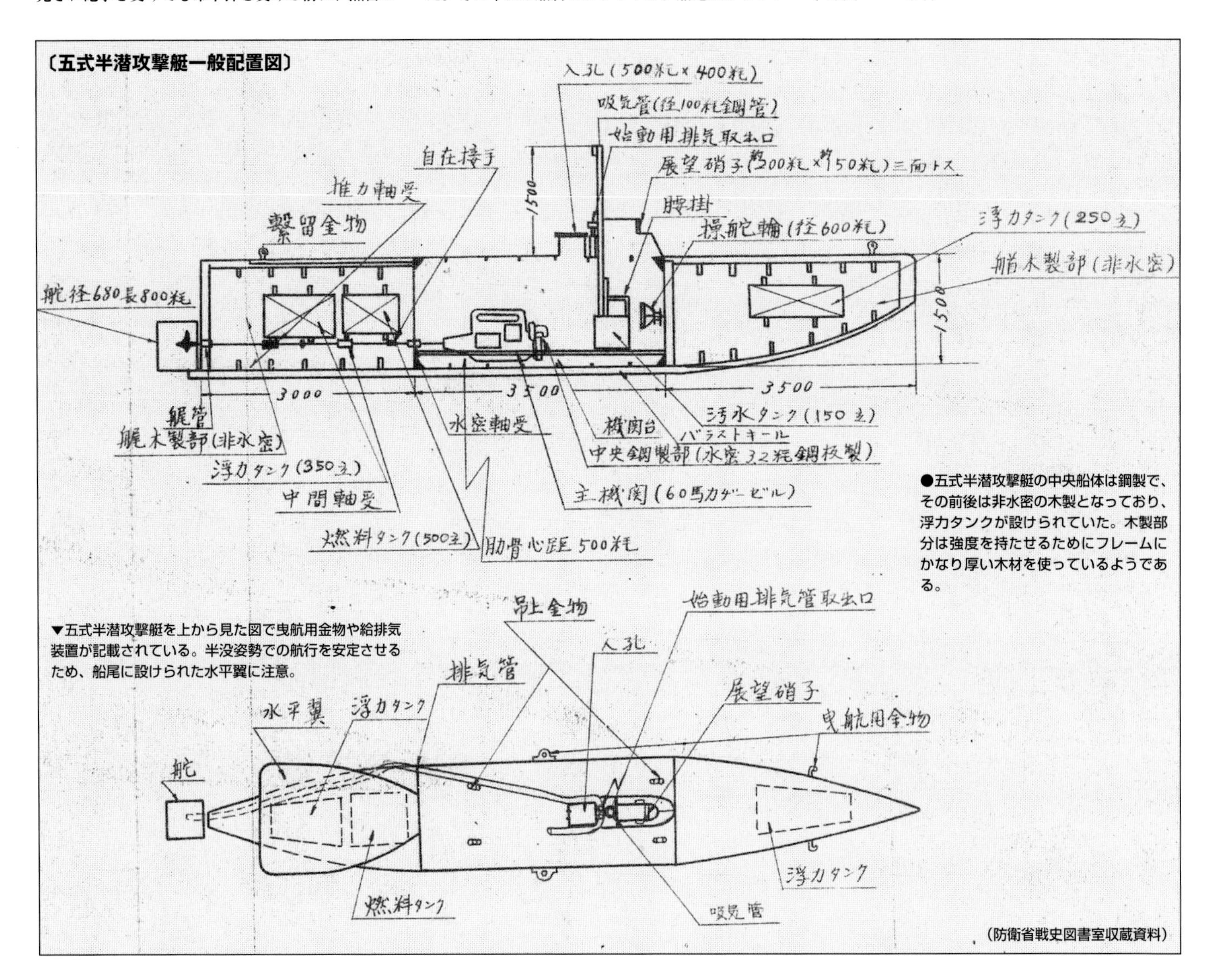

〔五式半潜攻撃艇一般配置図〕

●五式半潜攻撃艇の中央船体は鋼製で、その前後は非水密の木製となっており、浮力タンクが設けられていた。木製部分は強度を持たせるためにフレームにかなり厚い木材を使っているようである。

▼五式半潜攻撃艇を上から見た図で曳航用金物や給排気装置が記載されている。半没姿勢での航行を安定させるため、船尾に設けられた水平翼に注意。

(防衛省戦史図書室収蔵資料)

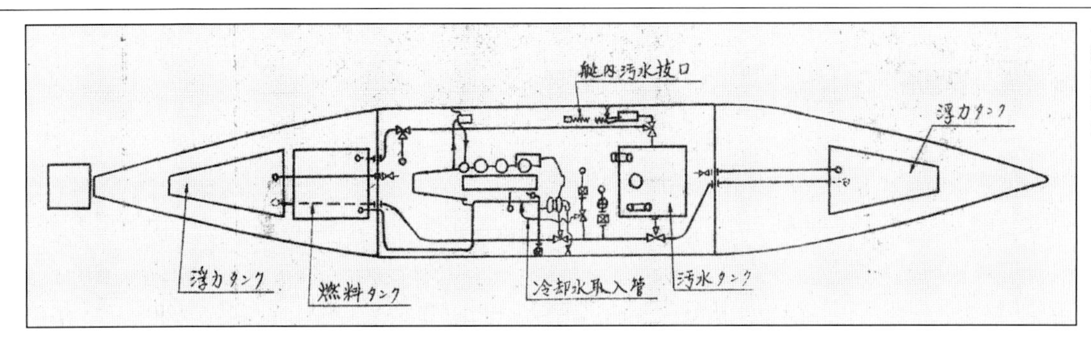

◀五式半潜攻撃艇を上から見た際の各種タンク、また注排水、移水装置の配管を表したもの。単殻式潜水艦の構造をもっと簡素化したようなかたちだ。(防衛省戦史図書室収蔵資料)

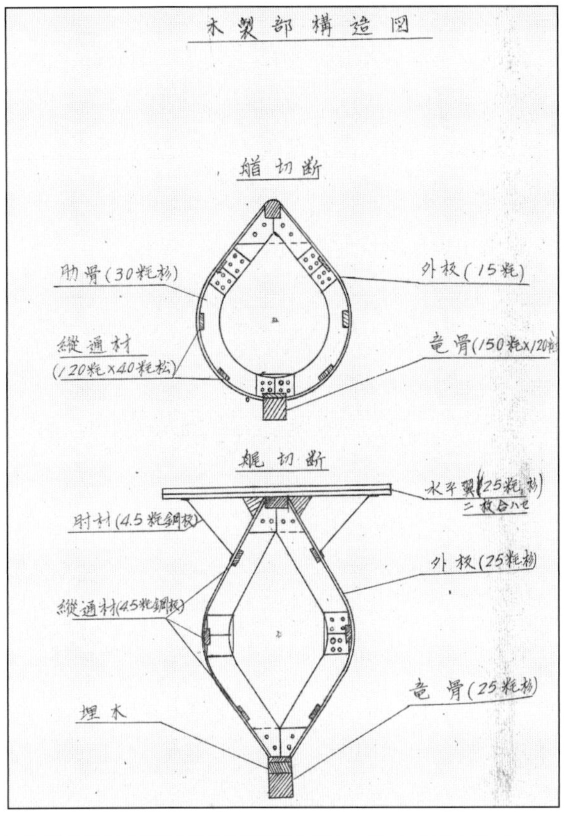

◀五式半潜攻撃艇の船首と船尾の木製部分の断面図で、上が船首15番フレーム、下が船尾3番フレームの切断面と思われる。船首部分は「縦通材120㎜×40㎜松」「肋骨30㎜杉」、「外板15㎜」(竜骨は「150㎜×120㎜杉」か?)と、船尾部分には「水平翼25㎜杉、2枚合わせ」、「肘材4.5㎜鋼板」、「縦通材45㎜鋼板」などと記述されているのが目をひく。(防衛省戦史図書室収蔵資料)

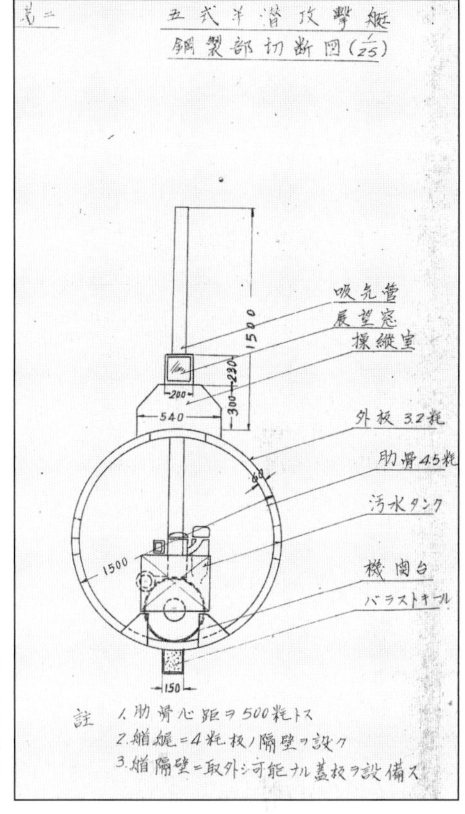

▶こちらは五式半潜攻撃艇の鋼製の中央船体の断面を前から後ろに向かって見た図。直径1500㎜の船体に操縦室、展望窓などが書かれている。操縦室から伸びているのは潜望鏡ではなく、吸気管であるのに注意。(防衛省戦史図書室収蔵資料)

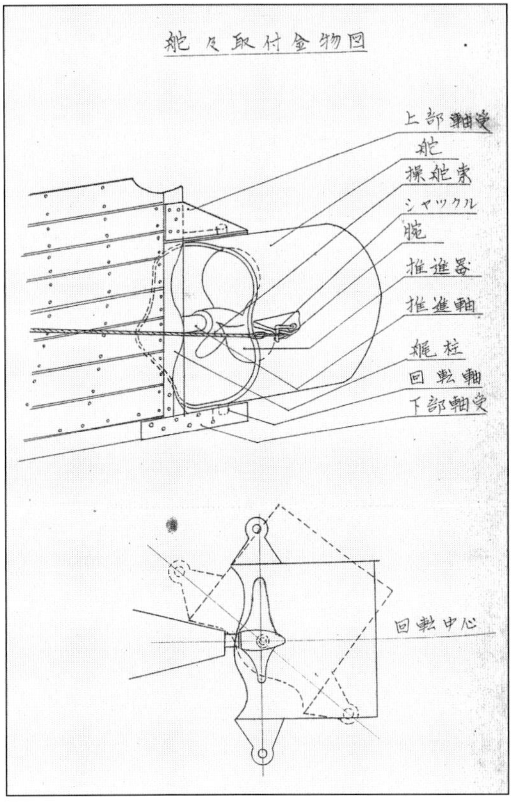

◀「五式半潜攻撃艇、舵及(び)取付金物図」と題された船尾の立体図面。本艇の舵は図のようにスクリューガードを兼ねたパイプ形をしており、左右に繋がれたワイヤーで最大40度の角度まで操舵された。(防衛省戦史図書室収蔵資料)

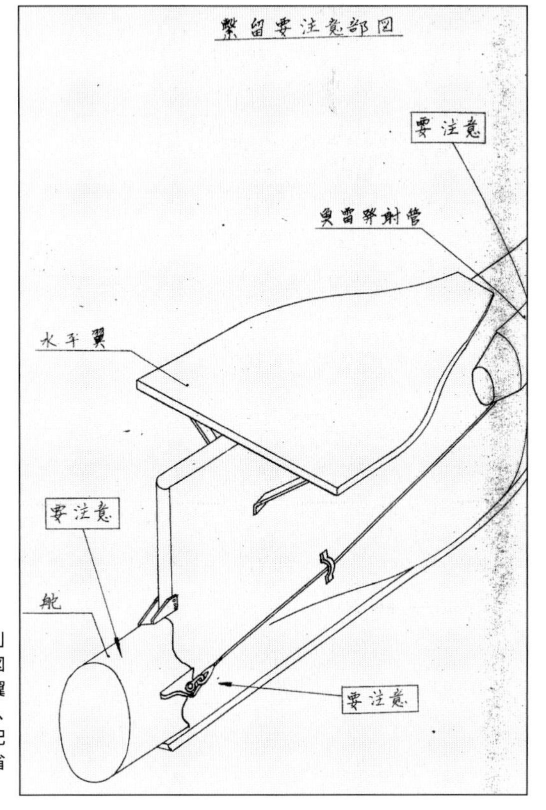

▶「五式半潜攻撃艇、繋留要注意部図」と題された上図と同様な船尾の立体図面。こちらは船尾に設けられた水平翼の様子がよくわかる。魚雷発射管後端、舵周辺を指して「要注意」と3ヶ所記入されているのが興味深い。(防衛省戦史図書室収蔵資料)

▲完成した五式半潜攻撃艇を起重機船で海面に降ろしている瞬間を捉えたもの。本艇の特異な形状や船尾の水平翼、独特な舵の様子がよくわかる。これからの試験に備え、船体フレームの位置に白線が記入されており、損傷があればすぐにどこの部分であるかの目安がつくようになっていた。（防衛省戦史図書室収蔵写真）

▼試験中の五式半潜攻撃艇。原写真ではセイルに向かって4本の黒線が引かれており、左上が吸気口、左下がのぞき窓、右上が不可視信号送光器、右下は排気口となる。（防衛省戦史図書室収蔵写真）

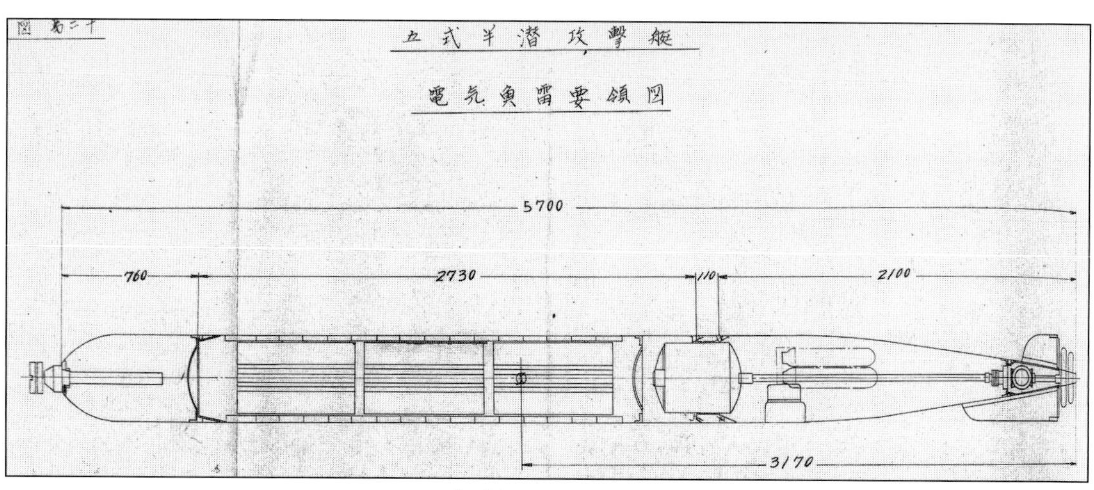

▲「五式半潜攻撃艇､電気魚雷要領図」と題された図面。いわゆる電池式魚雷であったが、バッテリーに問題があったようで試験の際に爆発して終わった。▼下は図面に付されたこの電気魚雷の要目。（防衛省戦史図書室収蔵資料）

實戦用	
雷速（節）	28
射程（米）	3450
炸薬（瓩）	125
全重量（瓩）	785
排水量（瓩）	785
浮力（瓩）	0
釣合（粍）	-50
索引力（瓩）	65

演習用	
雷速（節）	28
射程（米）	3450
頭部注水量（瓩）	90
全重量（瓩）	760
排水量（瓩）	785
浮力（瓩）	+25
釣合（粍）	+30
索引力（瓩）	65

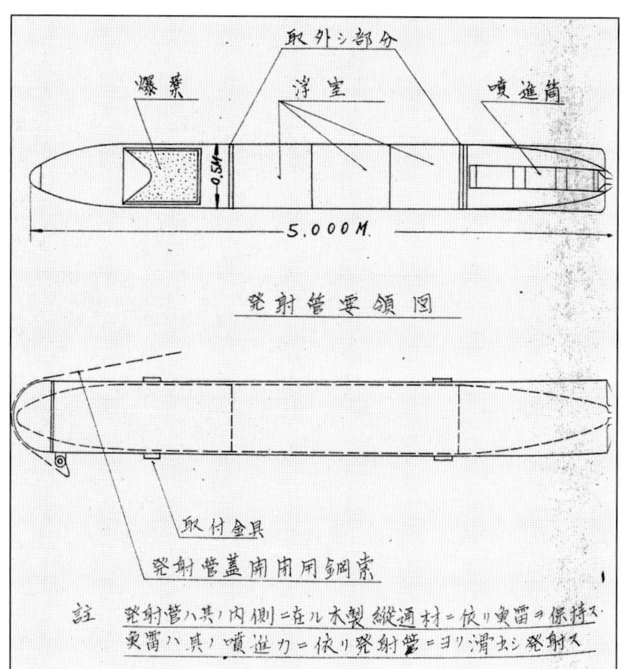

簡易魚雷（噴進式）要領図

◀上図と同じく五式半潜攻撃艇用の「簡易魚雷（噴進式）」を表した図。魚雷としては異色の火薬噴進式のもので、発射管に装塡して船体両舷に1本ずつ装着し、発射の際に点火すると水面上を滑走していくしくみであった。下は魚雷発射管を示したもの。（防衛省戦史図書室収蔵資料）

小型潜航攻撃艇

昭和19年9月、敵に見つからず接近することのできるさまざまな特攻艇の開発が考えられるなかで、先述の半潜攻撃艇とは別に、完全に潜航できるものについても研究が開始された。

設計は10月上旬から開始され、11月中旬に終了。しかし、試作艇の建造は図面製作とほぼ同時進行ですでに10月下旬から開始されており、12月25日に主機を改修し、昭和20年1月には完成した。

本艇の主機は液体式ロケットで、これで横式二気筒復動機関を動かし300馬力を発揮するものであった。液体式ロケットとは、海軍でロケット戦闘機秋水や人間魚雷回天二型のエンジンに使った、過酸化水素（陸軍名：一号水）と、水化ヒドラジン（陸軍名：二号水）を燃料とするものである。

主機については昭和19年12月8日から20日の間、柿鋼兵器工業（株）大垣工場試験場において、特殊液体燃料の燃焼試験及び馬力試験が行なわれ、「特殊ロケット燃料は小型潜航攻撃艇の原動力として有効である」ことが認められた。

さらに、昭和20年1月9日から21日までの間、神戸港外で航走試験を実施し、「若干の改修を行なえば、おおむね計画通りの性能を得ることができ、実用に適する」とされたが、半没攻撃艇同様に搭載兵器である簡易魚雷の完成を待たざるえなかった。

小型潜航攻撃艇 要目

全長	12ｍ
直径	99㎝
速力	
水上	高速16ノット／低速10ノット
水中	高速20ノット／低速12ノット
航続距離	12ノット／42.6ｋｍ
	20ノット／24.2ｋｍ
基準排水量	9.215ｔ
潜航深度	20ｍ
予備浮力	760㎏
主機	300馬力横式二気筒復動機関1基
燃料	一号水：700kg
	二号水：75kg
	灯油：90kg
兵装	火薬噴進式簡易魚雷2本、45㎝電池魚雷2本
	1ｍ潜望鏡
乗員	1名

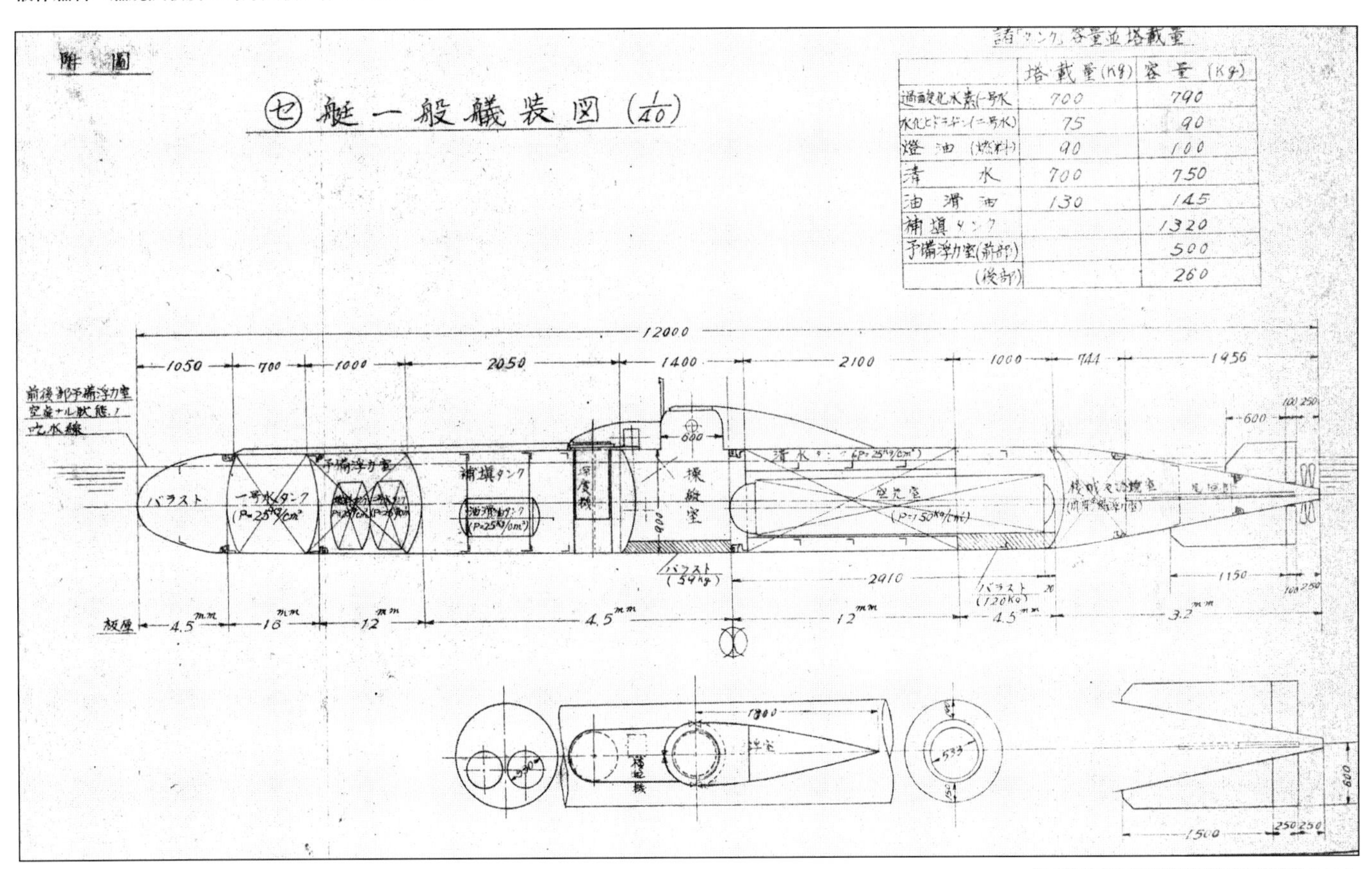

諸タンク容量並搭載量

	搭載量(Kg)	容量(Kg)
過酸化水素(一号水)	700	790
水化ヒドラジン(二号水)	75	90
燈油（燃料）	90	100
清水	700	750
油滑油	130	145
補填タンク		1320
予備浮力室(前部)		500
(後部)		260

▲小型潜航攻撃艇は陸軍版特殊潜航艇ともいうものだった。問題はその機関や燃料で、これは海軍で開発中であった人間魚雷回天二型と同じものであった。図をよく見ると船首のバラストの後ろに一号水（過酸化水素）タンクを、そのすぐ後ろに二号水（水化ヒドラジン）タンクを設け、それぞれを船尾にある機関に送って燃焼させ推進するしくみであった。
（防衛省戦史図書室収蔵資料）

特火点二型、三型

本土決戦が濃厚となった昭和20年1月、敵の上陸が予想される海岸の水中に配置しておき、いざ上陸が開始された場合に浮上し、敵の上陸用舟艇を攻撃する「特火点」一型から三型までの3種類の兵器の研究開発が、第十技術研究所で並行して開始され、4月から5月にかけて試作品が完成し、5月10日から20日までの間、実用試験が行なわれた。

このうち、一型に関しては、昭和20年1月下旬に研究を開始、2月上旬には設計が完了し、4月上旬から川崎車輌（株）明石工場で試作艇の製作を開始した。5月上旬に完成した試作艇の実用試験は同月10日から21日に行なわれた。その結果、浮上機能が不十分で急速浮上が期待できないことがわかり、浮上機構の一部を機力化して再試験を実施することとなった。この改修は直ちに行なわれて6月下旬に完成、7月1日から5日にかけて再試験が行なわれ、概ね計画通りの性能を発揮できるようになったことが確認され、「五式浮沈特火点（甲）」として採用された。これが特火点一型である。

しかし、発砲の際の反動で揺れて次弾が打てないという状態が長く続き、また自ら動くことができないために敵の的になりやすいという欠点もあった。

この一型に比べ、水上3ノットと低速ながら150浬ほど自走できるのが二型で、搭載砲も一型より強力な四式七糎半舟艇砲が搭載された。これは三井玉野造船所で試作艇が建造され、7月11日から13日の間に三井玉野造船所沖で沈降試験が行なわれ、続いて14日から20日までの間に直島沖で実用試験がなされて、計画通りの性能を確認された。

三型は、浮上砲台の一型と二型とは違い、デッキに115個の水中秘匿浮遊水雷を搭載し、敵上陸用舟艇の針路前方にばらまき、障害海面を構成して撃滅するものであった。また、一型と二型に対して水中連絡や補給を行なう任務も考えられていた。

三型の試作艇は三菱重工長崎造船所で建造され7月に完成、16日から27日まで長崎湾内で実用試験が行なわれ、計画通りの性能を発揮することが確認された。

しかし、一型から三型ともすぐに終戦を迎え、量産されることはなかった。

〔浮沈特火点各型 要目表〕

	一型	二型	三型
全長	4.080m	9.5m	13.4m
幅	2.49m	2.7m	2.04m
全高	3.4m	3.8m	3.4m
耐圧殻直径	1.89m	2m	
耐圧殻高さ	2.2m		
排水量	7ｔ	20ｔ	水上36ｔ／水中40ｔ
潜没深度	30m	30m	50m
潜没時間	48時間	48時間	48時間
速力（水上）	ー	2.5ノット（標準）	6ノット
速力（水中）	ー	1.7ノット（標準）	3.5ノット
航続距離（水上）	ー	150浬（標準速力）	50浬
航続距離（水中）	ー	10浬（標準速力）	30浬
兵装	20㎜機関砲1基、又は37㎜舟艇砲1基	試製四式7.5㎝舟艇砲1門	水中秘匿水雷115個
乗員	2名	3〜4名	4名

〔特火点一型一般配置図〕

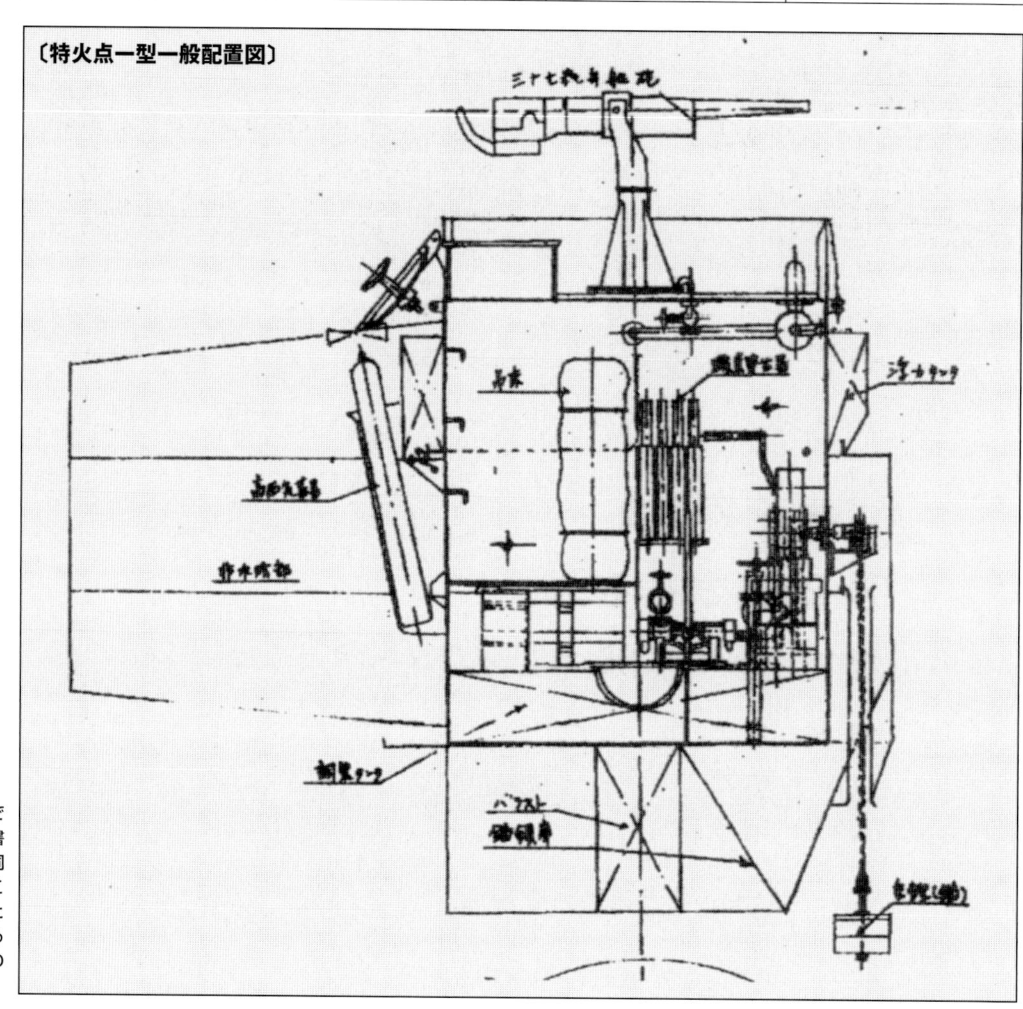

▶本文にもあるように、特火点一型は移動できない浮き砲台であり、陸軍船艇という本書のくくりからいささかはずれるものだが、同二型、同三型と同系列の兵器であるのでここに紹介する。推進装置はなく、水中にじっと身を潜め、敵が近づくと繋留チェーンをゆるめて浮上、2名の兵士によって砲撃するものである。（図版提供／国本康文）

◀試験中の特火点一型を撮影した写真。一型は浮力体（船体）が小さいため、搭載する37㎜舟艇砲の射撃の反動の影響で大きく揺れることとなり、満足な連続射撃ができなかったと思われる。

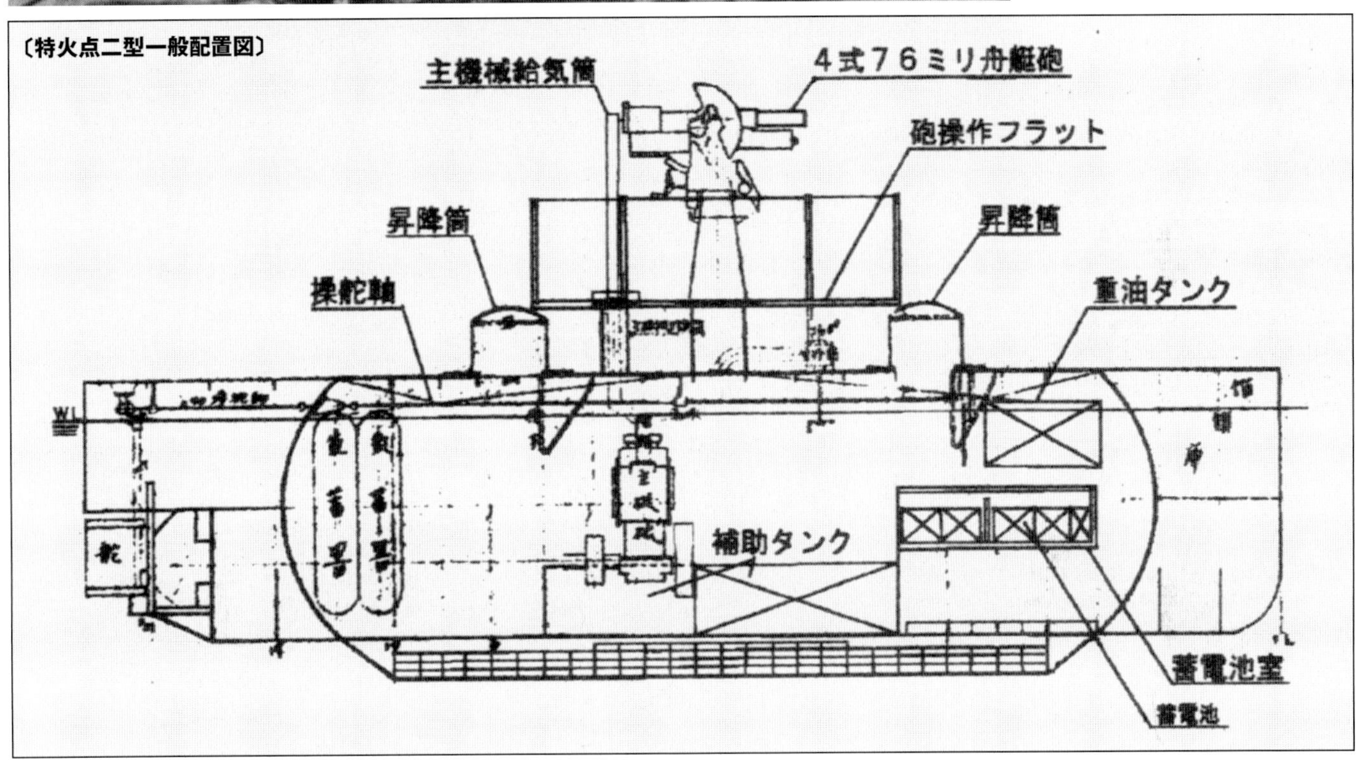

▲一型とは異なり、二型は主機を搭載しており、3ノットの低速ではあるが、かろうじて航行することができる。そのため、待ち伏せ海面ではないところへ敵が来航しても、移動して攻撃に参加することができるようになっていた。図で右方向が船首、左方向が船尾となる。（図版提供／国本康文）

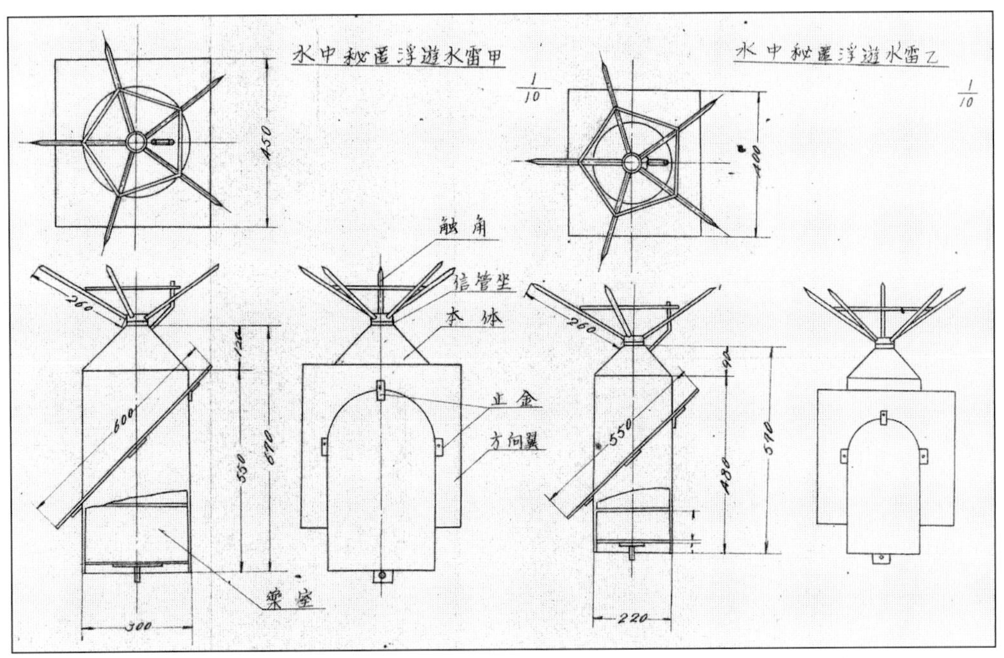

◀特火点三型に搭載される予定であった舟艇用小型機雷の図で、直径30㎝、高さ約83㎝、炸薬量15㎏の「水中秘匿浮遊機雷甲」（左図のもの）と、直径22㎝、高さ約73㎝、炸薬量5㎏の「水中秘匿浮遊機雷乙」（右図のもの）の2種類があり、それぞれ本体に対して35度の角度で方向翼が付いているのに注意。（防衛省戦史図書室収蔵資料）

▲終戦後、三菱長崎造船所で撮影された特火点三型。戦前に民間で製作された西村式潜水作業船に似た潜航艇で、船首上見えている小さなセイルから後ろに向けて、一段高くなっている甲板部分に水中秘匿浮遊機雷を150個搭載するはずであった。本土決戦の際には水際へ殺到する敵上陸用舟艇の針路上を本艇が横切りながら、これらをバラまいていく戦法であった。

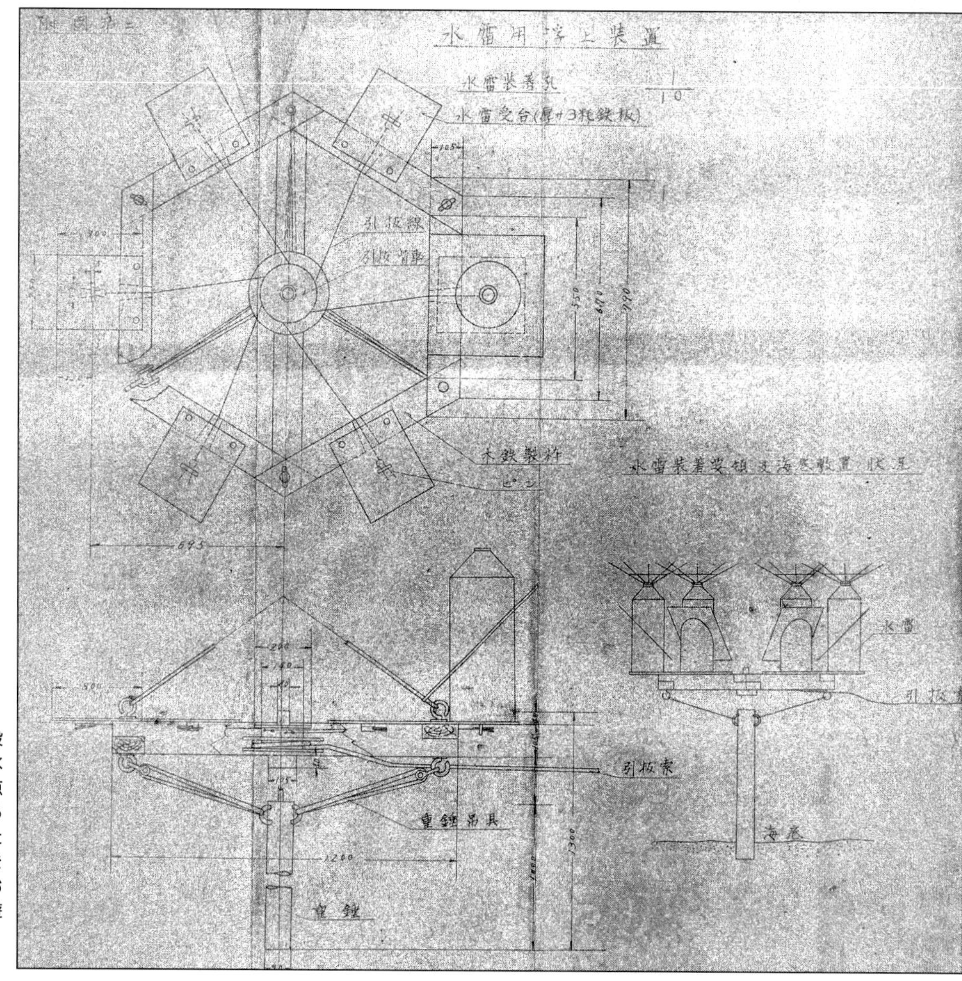

▶大発に積載して敵上陸予想海面に浮遊機雷を敷設するための「水雷用浮上装置」(上図)、並びに「水雷装着要領及海底敷置の状況」(右下)図。特火点三型には直接に関係ないが、搭載兵装として考えられていた水中秘匿浮遊機雷の異なる使用法を示したものとしては興味深い。木製の本体に6個の機雷を装着し、この下にアンカー代わりの錘りがついており、引き抜き索を抜けばアンカーからはずれて浮遊するしくみとなっていた。
(防衛省戦史図書室収蔵資料)

第5章
その他の船艇

起重機船

大正11年（1922年）2月にワシントン海軍軍縮条約が締結されると、建造中止となった日本海軍の八八艦隊計画諸戦艦用に準備されていた主砲や、解体される旧式戦艦の主砲が、日本各地の海峡防御のために築城される要塞砲へと転用されることになり、陸海軍が協力し、設計は陸軍の委託で海軍艦政本部が行なう形でこれら砲塔運搬を目的とした船が建造されることとなった。

これが蜻洲丸と命名され本船である。排水量2000t、垂線間長61m、幅15.25mで船型は砲塔サイズに合わせて設計されており、船体上には巨大な150tクレーンが設けられていた。これは41cm連装砲塔を揚げ降ろしするためで、船首から海岸へ接近し、150tクレーンで砲塔や砲身を順に降ろしていく。その時、船体は前へ傾くが船首を海底に着底させ安定させるようになっていた。

各地で要塞築城が続く間は止む暇が無いほど活躍、それがひと段落するとひとまず役目を終えていたが、日中戦争が始まると、中国国民党軍が日本軍の進入を阻止するために航路障害物として沈めた自沈船等のサルベージを行なうなど、再び活躍した。

太平洋戦争が始まるとシンガポールへ移動し、またもや湾内に沈んでいる船のサルベージを行ない、その後、ジャワやスラバヤでも同様の作業に従事した。

蜻洲丸は撃沈されることなくシンガポールで終戦を迎えイギリス軍に接収されたが、暴風で全損してしまったという。

蜻洲丸 要目

排水量	2000 t
垂線間長	61 m
幅	15.25 m
機関出力	700馬力2基
速力	最大9ノット
航続距離	7ノット／1500浬

砕氷船

昭和18年（1943年）、北方作戦において輸送船の針路啓開をする目的で、陸軍所轄で総トン数800tの小型砕氷船が計画され、三井玉野造船所で建造されることとなった。

完成した船は伸洋丸と命名されたが、本来の目的で使用する前に撃沈されてしまった。

強力曳船

港湾で使用されるタグボートと呼ばれる種類の船で、最初のものは総トン数150tで2隻が作られ映海丸、照海丸と命名された。エンジンは350馬力ディーゼルエンジンを2基装備し14ノットを出した。しかし、その実、この2隻は砲艇で、南方で護衛用に使用された。

昭和15年（1940年）に、新たに鋼製で総トン数630tの強力曳船が作られた。機関は蒸気機関で水管缶と500馬力レシプロ2基で2軸。曳航作業だけでなく、サルベージや、工作船任務などにも用いられた。

このタイプは昭和17年までに南海丸、北海丸の2隻が日立桜島造船所で建造され、南方で海上護衛隊の母船として使用された。

水船

前線基地の給水用として600tの水船が、三菱重工広島造船所で数隻作られた。後期のものは油槽船としても使用できるように考慮されていた。

参考資料

- 陸軍特殊船舶記録（中央　全般　船舶 180）内山鐵男著
- 船舶考案に関する概要（中央　全般　船舶 156）市原健義、堀部善一共著
- 研究報告（一）（中央　全般　船舶 45）
- 研究報告（二）（中央　全般　船舶 46）
- 五式製大護衛艇（甲）取扱法（中央　全般　船舶 210）
- 各種艇の取扱法集禄（中央 軍隊教育 典範 器材概説 222）
- 陸軍舟艇関係取扱説明書綴（中央 軍隊教育 典範 器材概説 223）
- 陸軍船舶関係写真集（中央　全般　船舶 144）
- 連絡艇巳二型研究実施計画（中央　全般　船舶 171）
- 連絡艇戊一型（中央　全般　船舶 198）
- 木製大護衛艇等研究原簿（中央　全般　船舶 209）
- 木製大護衛艇試験計画（中央　軍事行政　兵器 170）
- 小護衛艇試験計画（中央　軍事行政　兵器 169）
- カロ艇図面（中央　全般　船舶 198）
- ◯レ一型図面（中央 軍隊教育 典範 器材概説 222）
- 小型輸送艇量産用図面（中央　全般　船舶 166）
- 連絡艇巳一型（中央　全般　船舶 170）
- 機動艇図面（中央　全般　船舶 118）
- 昭和八年密大日記第五冊（陸軍省密代日記 58-4）
- 20 糎噴進砲装載大発動艇研究原簿（中央 軍事行政 兵器 116）

以上　防衛省防衛研究所戦史室所蔵

参考文献

『陸戦兵器総集』（日本兵器工業会編／図書出版社）

『歴史群像 太平洋戦史シリーズ vol.10「決定版決戦兵器」』（歴史群像編集部編／学研刊）

『陸軍潜航輸送艇隊出撃す！』（国本康文著／私家本）

『写真と図による残存帝国艦艇』（木俣滋郎著／図書出版刊〔※潮書房光人社復刻〕）

『陸軍特殊船舶記録』（内山鐵男著／防衛省防衛研究所戦史室所蔵）

「陸軍用船艇を解剖する」（月刊誌舵連載記事／内山鐵男著）

あとがき

本書は 2011 年に上梓した拙著『日本陸軍の航空母艦 舟艇母船から護衛空母まで』の姉妹編です。

終戦から 70 年が経った今日、世間では日本海軍の艦艇に関する本はたくさん出ていますが、日本陸軍の船艇について取り扱った本というのは全く出ていないようです。

まぁ、マイナーな分野でもあり、日本海軍の艦艇ほど華やかなものもなく、また知名度も人気もないからでしょう。しかし、そこを踏まえたうえで、あえて日本陸軍が研究、開発した自走できる船艇をまとめてみようと決意し、執筆に取りかかりました。

昔から陸軍船艇には興味があったため、防衛省防衛研究所戦史室などでたびたび収集していた資料を整理し、手元のハードディスを探してみると、幸わいにして 9 割ほどの大小船艇の図面が揃っていました。

ただ、実船の写真に関しては図面ほど数が揃っていなかったので、足りないものを収集するのに苦労することとなりましたが、何とかこうして、簡易明確な解説、詳細要目、公式図面、写真をまとめたカタログ的なものとしてまとめることができました。

本書により、多くの方々の陸軍船艇への知識を深める一助となれば、幸わいです。

また、これを機に模型メーカーさんから陸軍船艇のプラモデルを出していただければ、この上なく嬉しく思います。

個人的には 1/35 大発動艇 D 型をリクエストしたい！

なお、本書をまとめるにあたり、鎌田実氏、国本康文氏、小高正俊氏、藤田昌雄氏にご協力いただきました。

末筆ながら紙上を借り、心よりお礼申し上げます。

平成 28 年 2 月 20 日
奥本　剛

日本陸軍の船艇
上陸用、輸送用、護衛用、攻撃用 各船艇から特殊船まで

著者紹介
奥本 剛（おくもと・ごう）

昭和47年（1972年）5月8日生まれ平成4年、国立波方海技短期大学校卒業。
　これまでにも陸海軍艦艇に関する多数の研究記事を発表しており、自らも船乗りであるという独特な視点で記述される文章は各方面で好評を得ている。平成21年（2009年）には日米合同ハワイ沖特殊潜航艇潜水調査に参加した。
　現在もフェリーの船長として多忙な毎日を送りながら、独自の調査活動を続けている。
　著書に『図説　帝国海軍特殊潜航艇全史』（2005年、学研刊）、『呉・江田島・広島戦争遺跡ガイドブック』（2010年、潮書房光人社刊）、『図解・八八艦隊の主力艦』（2011年、潮書房光人社刊）、『日本陸軍の航空母艦：舟艇母船から護衛空母』（大日本絵画刊）、『陸海軍水上特攻部隊全史―マルレと震洋、開発と戦いの記録』（2013年、潮書房光人社刊）など多数。

日本陸軍の船艇
上陸用、輸送用、護衛用、攻撃用各船艇から
特殊船まで

著者／奥本 剛

発行日　2016年4月28日　初版第1刷

発行人　小川光二
発行所　株式会社 大日本絵画
〒101-0054　東京都千代田区神田錦町1丁目7番地
Tel 03-3294-7861（代表）
URL; http://www.kaiga.co.jp

企画／編集　株式会社アートボックス
〒101-0054　東京都千代田区神田錦町1丁目7番地
錦町一丁目ビル4階
Tel 03-6820-7000（代表）
URL; http://www.modelkasten.com/

デザイン・装丁／梶川義彦

印刷・製本　図書印刷株式会社

Publisher/Dainippon Kaiga Co., Ltd.
Kanda Nishiki-cho 1-7, Chiyoda-ku, Tokyo 101-0054 Japan
Phone 03-3294-7861
Dainippon Kaiga URL; http://www.kaiga.co.jp
Editor/Artbox Co., Ltd.
Nishiki-cho 1-chome bldg., 4th Floor, Kanda
Nishiki-cho 1-7, Chiyoda-ku, Tokyo 101-0054 Japan
Phone 03-6820-7000
Artbox URL; http://www.modelkasten.com/

©2016 株式会社 大日本絵画　本誌掲載の写真、図版、イラストレーションおよび記事等の無断転載を禁じます。
定価はカバーに表示してあります。
ISBN978-4-499-23177-0

内容に関するお問合せ先：03（6820）7000　（株）アートボックス
販売に関するお問合せ先：03（3294）7861　（株）大日本絵画